Werner Gamerith

Tiere im naturnahen Garten

Inhalt

DER GARTEN ALS LEBENSGEMEINSCHAFT

Tiere erfreuen uns durch ihre Schönheit, ihre Stimme, ihr Verhalten. Das muntere Treiben der Meisen im Busch, das Zirpen der Grillen an einem lauen Frühlingsabend, die Verwandlung der Libellen am Teichufer und vieles mehr, machen einen Garten auch für den Menschen zu einer Oase der Lebensfreude. Manche Tiere können jedoch auch Schaden stiften.

Vorwort

In diesem Buch werden viele Tiere vorgestellt, die im Garten wohnen können. Jede Art hat andere Ansprüche an den Lebensraum. Oft brauchen sogar die Jugend- und Reifestadien einer Tierart völlig unterschiedliche Lebensbedingungen. Je mehr Lebensraumelemente ein Garten anbietet, desto mehr Tiere werden diese auch nutzen. Dabei bilden sie selber ein weiteres wichtiges Element in diesem Gefüge, indem sie z.B. Nahrung für andere sind.

Eine artenreiche Lebensgemeinschaft ist stabiler als eine artenarme Monokultur. Genau diese Erkenntnis, die immer mehr Freunde gewinnt, wird im Naturgarten umgesetzt. Pflanzen fressende Insekten werden dabei nicht von vorne herein als Schädlinge angesehen, sondern als wichtige Ergänzung und Nahrung für andere, von denen sie unter Kontrolle gehalten werden. Auch das Feindbild vom Unkraut wandelt sich durch unsere veränderte Einstellung zur Erkenntnis, dass dieses für einen gesunden Naturhaushalt unverzichtbar ist. Zum Beispiel erfahren wir, dass die Brennnessel Nahrung für die Raupen der schönsten Schmetterlinge ist.

Selbstverständlich muss auch im Naturgarten gearbeitet und gepflegt, gejätet und geschnitten werden. Allerdings geschieht dies mit wesentlich weniger Aufwand und vor allem einem Mehr an Gelassenheit. Der grundlegende Unterschied zum konventionellen, perfektionistisch kontrollierten Garten besteht im begrenzten Zulassen von spontanem Wildwuchs. Naturgartenmenschen suchen die optimale Balance zwischen Planung und Zufall, Pflege und Wildnis. Bei weniger Arbeit sollte unser Garten schöner und vielfältiger werden und sich mit buntem Leben füllen, an dem wir unsere Freude haben.

Ein reiches Pflanzen- und Tierleben schließt den Menschen mit ein. Im Naturgarten ernten wir Nahrung und finden Anregung für den Geist, sowie Balsam für Seele und Körper. Wir können darin spielen, baden oder uns einfach nur dorthin zurückziehen. Nebenbei lernen wir, wie die Natur funktioniert, auch jenseits unseres Gartenzauns. Wir erkennen, dass wir mit unserer Wirtschaft und Technik Teil und Partner jener dünnen Haut unseres Planeten sind, die wir Biosphäre nennen. Durch eigene Beobachtung im Garten entdecken wir immer wieder neue faszinierende Geheimnisse.

Respektvolle Bescheidenheit und Verständnis, sowie Vertrauen in die Lebenszusammenhänge auf unserer Erde, die sich über Millionen von Jahren bewährt haben, gehören wohl zum wichtigsten Rüstzeug auf dem Weg in eine natur- und menschengemäße Zukunft. Im Naturgarten können wir dies besonders von den Tieren – spielerisch und lustvoll – lernen.

DI Werner Gamerith
Mittergrünberg, im Jänner 2006

Willkommene Gäste im Garten

Die Tiere des Gartens sind frei lebende Wildtiere, sie kommen und gehen, wie es ihnen gefällt. So wie manch andere wertvolle Güter können wir ihr Kommen und Bleiben auch mit noch so viel Geld nicht erkaufen. Ihre Anwesenheit ist vielmehr ein Geschenk. Mit den unterschiedlichsten kleinen und großen Maßnahmen, die im Folgenden beschrieben werden, öffnen wir unseren Garten, machen ihn gastlich und einladend für verschiedenste Tiere. Kommen dann andere Tiere als jene, an die wir bei der Gestaltung ihres Lebensraumes eigentlich gedacht haben, freuen wir uns ebenso.

Wie werden Tiere im Garten heimisch?

Der Zaun sollte durchlässig sein.

Geeignete Lebensräume

Größere Tiere im Garten einzusperren wäre Tierhaltung und geht an der Idee des Naturgartens, Lebensvielfalt zu fördern, vorbei. Aus dem Garten würde schnell ein Tiergehege mit all den damit unter Umständen einhergehenden unerwünschten Folgen. Beispielsweise würde der Besatz eines kleinen Weihers mit Goldfischen oder Enten seine Pflanzen- und Tierwelt, ebenso wie seine Wasserqualität und Schönheit dramatisch verschlechtern. Diese Tiere sind in großen Gewässern zu Hause und kämen freiwillig kaum in einen Garten. Was in einen Lebensraum passt, wird früher oder später dort auftauchen. Geduld und Bescheidenheit sind daher wichtige Tugenden eines Naturgartenbesitzers.

Ein Garten ist gerade dadurch definiert, dass er vor Besuchern geschützt ist, die einen größeren Lebensraum benötigen. Erst die Einfriedung macht aus einem Grundstück einen Garten. Sie soll nicht nur Menschen am ungebetenen Zutritt hindern, sondern auch Haustiere wie Pferde, Schafe, Hunde und Hühner, sowie Wild – etwa Rehe oder Wildschweine. Alle diese Tiere können unangenehme Schäden anrichten.

GRUNDVORAUSSETZUNGEN Grundvoraussetzung für einen Natur- und Biogarten und für einen tierfreundlichen Lebensraum ist selbstverständlich der Verzicht auf Gifte, lösliche Düngesalze und andere, die Umwelt beeinträchtigende Stoffe. Die Entlastung unserer Böden und Nahrungsmittel, Grund- und Oberflächenwässer von Agrochemikalien ist ja das Ziel der Naturgartenförderung von öffentlicher Hand, wovon natürlich auch die Tierwelt profitiert.

Gefahrenquellen und Barrieren beseitigen

Des Weiteren sollten die Tiere im Garten keinen Gefahrenquellen, seien sie mechanisch oder optisch, ausgesetzt sein. Kellerschächte, schlecht abgedeckte Gruben und Wasserbehälter, vor allem naturferne Wasserbecken und Schwimmbäder mit steilen Begrenzungen erweisen sich oft als tödliche Fallen. Bis wir sie ganz entfernen können, helfen wir mit Ausstiegsmöglichkeiten, z.B. in Form von flach verlegten rauen Brettern.

Helle Lichter im Freien sind Fallen für viele nachts fliegende Insekten, besonders wenn sie nach oben strahlen. Man sollte sie nicht durch verschwenderische Dauerbeleuchtungen des Gartens unnötig vermehren. Neben einer Beschränkung auf ein vernünftiges Maß haben sich gelbe Natriumdampflampen als ungefährliche Alternative erwiesen.

Damit am Boden kriechende Tiere in den Garten kommen können, müssen seine Grenzen passierbar sein. Mauern und dichte Zäune versehen wir mit vielen Schlupflöchern: hoch genug, dass sie nicht gleich versanden und verwachsen; tief genug am Boden, dass sie von Molchen oder Blindschleichen, Kröten oder flugunfähigen Laufkäfern gefunden werden; groß genug, dass sie auch der Igel benützen kann.

WECHSELBEZIEHUNGEN ZWISCHEN LEBENSRÄUMEN Nicht nur zum Besiedeln unseres Gartens sind offene Grenzen nötig, sondern auch für Tiere mit größeren Revieransprüchen, sowie zum Aufsuchen von Artgenossen. Ein genetischer Austausch ist nötig zur Vermeidung von Inzucht. Die Beschaffenheit des zu durchwandernden Raumes zwischen den Habitaten ist ebenfalls wichtig. Hochleistungsstraßen und andere lebensfeindliche Zivilisationswüsten stellen für manche Arten ein kaum zu überwindendes Hindernis dar. Ein Garten, der in einem Gebiet mit solchen Barrieren liegt, wird sich durch die natürlichen Wanderungen der Tiere nur schwer besiedeln lassen.

TRITTSTEINBIOTOPE

Auch wenn in einem tierfeindlichen Umfeld unsere Geduld und Hoffnung auf eine harte Probe gestellt werden, ist es umso wichtiger, mit gutem Beispiel voran zu gehen. Je mehr Naturgärten es gibt, desto enger liegen sie als »Trittsteinbiotope« beieinander, bilden einen »Biotopverbund« und ermöglichen immer mehr Tieren, zu wandern und neue, geeignete Lebensräume aufzusuchen.

Pioniere bei der Erschließung neuer Lebensräume

Es ist aber erstaunlich, wie viele Tiere selbst über große Entfernungen und unwirtliche Räume hinweg in die Gärten finden. Schmetterlinge und Bienen geben sich manchmal sogar auf den Blumen eines großstädtischen Dachgartens ein Stelldichein.

Neu angelegte Gewässer werden prompt von Großlibellen, Schwimmkäfern oder Rückenschwimmern angeflogen. Es ist klar, dass gute Flieger da im Vorteil sind. Ihre Pionierleistung wird noch übertroffen von vielen Spinnenarten. Unzählige winzige Jungtiere spinnen von erhöhten Punkten aus einen 10 cm bis 1 m langen Faden, den sie als Flugapparat benutzen und an dem sie im Herbstwind weite Strecken durch die Luft getragen werden, bis er irgendwo als sogenannter »Altweibersommer« hängen bleibt. Einige junge Spinnen finden so die für sie geeigneten Plätze. Die meisten allerdings erfrieren, verhungern oder werden gefres-

RESPEKT VOR DER NATUR

Wer dennoch glaubt, seinen Garten mit Tieren besiedeln zu müssen, sollte das nur ausnahmsweise und behutsam versuchen. Wirbeltiere brauchen meist größere Reviere als sie ein durchschnittlicher Garten bieten kann. Wenn sie unseren Garten verlassen, droht ihnen womöglich durch Agrochemie oder Autoverkehr ein tragisches Ende. Viele von ihnen, etwa alle Lurche und Kriechtiere, stehen außerdem unter Naturschutz; ihre Entnahme

und Beförderung ist strafbar. Mit Ausnahme der Froschlurche haben Landwirbeltiere eine vergleichsweise niedere Fortpflanzungsrate, sodass der gesetzliche Schutz vor dem Zugriff von Unkundigen seinen Sinn hat.

Selbst im kaum überschaubaren Heer der wirbellosen Tiere gibt es geschützte und noch sehr viele weitere seltene Arten, welche unbedingt zu schonen sind. Auch bei häufig vorkommenden Arten ist es sinnlos, Exemplare in den Garten zu holen, wenn wir ihre Ansprüche nicht ganz genau kennen. Heuschrecken

LINKS: Baldachin-Spinnennetz
OBEN: Gefleckter Schmalbock

Kleiner Pappelbock

sen. So hart und zugleich doch so überreich und verschwenderisch ist die Natur, dass sie Tierkinder wie Samen in das Glücksspiel des Lebens wirft.

BLINDE PASSAGIERE Auch ohne lebensgefährliche Wanderungen oder Luftbrücken findet manches Getier als blinder Passagier den Weg in den Garten. Eier und viele Kleintiere im Jugendstadium sind nahezu unsichtbar. Schon auf einem Blumenstrauß aus Wiese, Wald oder anderen Gärten bringen wir vielleicht Florfliegeneier oder kleine Schmetterlingsraupen mit nach Hause.

Die Erde an den Wurzeln ausgegrabener Pflanzen kann Heuschreckeneier, junge Grillen und eine große Menge an Bodenorganismen bergen. Mit Sumpf- und Wasserpflanzen impfen wir unseren Gartenweiher mit Kleinkrebsen. In ihren Blättern und Wurzeln verbergen sich oft auch Libellen- und Köcherfliegenlarven oder es kleben die Eier von Amphibien daran.

brauchen zum Beispiel bestimmte, je nach Art unterschiedliche Bodenverhältnisse für die Eiablage und -entwicklung. Jede Bockkäferart ist als Wohnung und Nahrung für ihre Larven auf das Totholz bestimmter Baumarten und Verrottungsstadien angewiesen.

Wie gesagt: Die bewährteste Methode ist, einfach zu warten. Mit der tierfreundlichen Gestaltung und Pflege unseres Gartens, mit dem Erkunden und Beobachten seiner immer zahlreicher werdenden Bewohner haben wir ohnehin genug zu tun.

Jungspinnen verlassen das mütterliche Nest und begeben sich auf Wanderschaft – zu Fuß oder mit selbst gebautem Fluggerät.

Wie leben Tiere im Garten?

Brütende Mönchsgrasmücke

Vereinfacht könnte man sagen: Sie fressen, paaren sich, wachsen und schlafen. Die Wirklichkeit ist freilich meist komplexer als wir meinen. Denn damit Tiere das alles tun können, müssen für jede Art bestimmte Bedingungen erfüllt sein. Ist dies nicht der Fall, bleibt den Tieren nur, zu wandern oder zu sterben.

Nischen

Die Summe dieser Ansprüche einer bestimmten Art an einen Standort wird in der Ökologie als Nische bezeichnet. Der Begriff suggeriert den reinen Raumbedarf für Nahrungssuche, Schutz und Brutfürsorge. Er meint darüber hinaus aber auch Ansprüche der jeweiligen Arten an Nahrungsangebot und Kleinklima und schließt auch ihre Rolle und Funktion im Ökosystem ein, sozusagen ihren ›Beruf‹. Umgekehrt sind Körperbau, Sinnesleistung und Verhalten jeder Art an ihre Nische angepasst. So bevorzugt zum Beispiel jede Meisenart etwas andere Gehölzbereiche als Jagdrevier und entgeht so einer zu starken gegenseitigen Konkurrenz.

Anpassung bedeutet Beziehung, und Beziehung bedeutet auch Abhängigkeit. Jede Art braucht ihre arteigene Nische. Soll ein Garten viele Tiere beherbergen, muss er viele unterschiedliche Nischen anbieten. Das erklärt die sterile Ödnis allzu gepflegter Rasen-Rosen-Koniferen-Kulturen und andererseits die strotzende Lebensfülle von Naturgärten.

Nahrungsbeziehungen

Neben den Beziehungen zu seinem Lebensraum hat jedes Tier auch Beziehungen zu Pflanzen und anderen Tierarten in seiner jeweiligen Lebensgemeinschaft, die sich darin herausgebildet haben, vor allem in Bezug auf die Nahrung. Fressen und Gefressenwerden hat weitreichende Folgen auf den Naturhaushalt in jedem Ökosystem.

NAHRUNGSKETTE ➳ Ein Beispiel: Eine Biene nascht an einer Blume. Dabei gerät sie vielleicht in die Giftklauen einer Spinne und wird ausgesaugt. Eines Tages wird diese Spinne von einem Singvogel gefressen, der wenig später selbst im Magen eines Greifvogels endet.

Dieses alltägliche Drama mit wechselnden Darstellern nennen die Biologen Nahrungskette. Sie beginnt immer bei den Pflanzen und führt über Abfall- und Pflanzenfresser zu kleinen und großen Fleischfressern. Die kriminalisierende Bezeichnung »Räuber« wird heute durch »Beutegreifer«, »Jäger« oder das Fachwort »Prädatoren« ersetzt. Aasverwerter sind ebenfalls Teil dieser Nahrungsketten.

NAHRUNGSPYRAMIDE Weil jedes Tier sich von mehreren Arten ernährt, verbinden sich die Ketten zu Nahrungsnetzen, und weil die Biomasse von der pflanzlichen Basis bis zu den großen Beutegreifern stark abnimmt, wird dieses Nahrungsnetz noch zutreffender als Nahrungspyramide dargestellt.

Vorteile des natürlichen Gleichgewichtes im Naturgarten

Für die Arbeit im Garten hat dieses Beziehungsgefüge durchaus praktische Bedeutung. Ein eng geknüpftes Nahrungsnetz ist nämlich die verlässlichste Schädlingskontrolle. Sobald sich eine Art stärker vermehrt, wird das von ihren natürlichen Gegenspielern als erhöhtes Nahrungsangebot wahrgenommen und genutzt, wobei dies ihrerseits wieder zu stärkerer Vermehrung führt. So führt die Dynamik von Fressen und Fortpflanzen zum ökologischen Gleichgewicht zwischen den verschiedenen Populationen.

Dieser in der Natur seit jeher bewährte Pflanzenschutz funktioniert völlig anders als jede chemische Bekämpfung, ist nachhaltig und auch weitaus eleganter. Der Artenreichtum des Naturgartens ist die umweltfreundliche Alternative zur Chemie im Garten, er würde aber durch jede Biozidanwendung wieder dezimiert werden. Zwischen Fördern und Töten von Lebewesen gibt es eben keinen Kompromiss.

WILDWUCHS GEWÜNSCHT Selbst Fachleute kennen nie sämtliche Ansprüche aller für einen Garten geeigneten Tiere. Wer sich aber nur ein wenig in das eine oder andere Wesen, das er beobachtet, hineindenkt – in eine Heuschrecke, die sich im Kräuterdschungel sonnt, eine Mönchsgrasmücke, die im Strauch verborgen singt, einen Mückenschwarm, der abends über einer sonnenwarmen Mauer tanzt – spürt gleich, dass ein gewisser Wildwuchs ungleich tierfreundlicher ist, als die in Produktwerbungen immer noch angepriesene Sauberkeit und Übersichtlichkeit des konventionellen Gartens.

Von jedem Lebensraumelement profitieren viele Arten, die wir oft gar nicht kennen und erst bei genauem Beobachten bemerken. Wenn wir für einige bekannte »Leitarten« geeignete Lebensräume schaffen, wird dort mit der Zeit eine vielfache Zahl von Arten zu entdecken sein. Großartige zoologische Fachkenntnisse sind also gar nicht nötig, dafür aber liebevolles Einfühlungsvermögen, Interesse und ein Gespür dafür, was Tiere tun und brauchen. Es seien hier ein paar Beispiele vorgestellt, um zu verdeutlichen, worauf es ankommt.

TIPP **Sogar Kinder wissen bereits, dass Igel die von Vielen verpönten Laub- und Reisighaufen brauchen, weil sie von dort aus auf ihre nächtliche Jagd nach Schnecken, Würmern und Insekten ziehen. In denselben Verstecken existieren aber neben anderem Getier noch weitere Schneckenfeinde wie Spitzmäuse, Blindschleichen oder Laufkäfer.**

Verlockende Bedingungen – Aktive Tierwelt im Naturgarten

:: Manche Tiere bauen Nester und brauchen dazu geeignete Materialien und Substrate. Viele Wildbienen und andere Hautflügler legen ihre Brutkammern in dürrem Kraut oder totem Holz an und vermauern sie mit Lehm.

Andere graben Höhlen in sandigen, spärlich bewachsenen Boden an einer trockenen, warmen Stelle. So gehören auch Sandhaufen, Lehmpfützen und vegetationslose Bereiche zu den Lebensraumelementen.

:: Tiere verhalten sich je nach Jahreszeit recht unterschiedlich. Die Frostperiode zwingt manche Säugetiere und alle wechselwarmen Tiere, für die Überwinterung einen geeigneten Unterschlupf zu suchen: im Boden, in der Laubstreu, in einem hohlen Stängel, in den Spalten einer rauen Borke oder eines morschen Stammes.

Viele Laufkäfer finden das ideale Winterquartier zum Beispiel unter sich ablösenden Rindenpartien auf totem Starkholz.

:: Manche Tiere wechseln ihren Speisezettel dem jahreszeitlichen Angebot entsprechend. Amseln und Drosseln etwa ernähren sich und ihre Brut im Frühling mit Insekten und Würmern, ab dem Sommer bis in den Winter nutzen sie die Früchte der Saison, von Kirschen und Erdbeeren bis zu den letzten Äpfeln. Auch die Stare tun dies, ziehen allerdings über den Winter ans Mittelmeer.

:: Lurche, Insekten und viele andere Tiere haben mit wenigen Ausnahmen ein Larvenstadium, das vom erwachsenen Individuum in Gestalt, Lebensweise und Lebensraum so stark abweicht, als wären es verschiedene Arten.

Ein alltägliches Beispiel sind die Schmetterlinge. Wenn sie leichtflügelig auf unseren Blumen Nektar saugen, sollten wir auch daran denken, dass sie einmal Raupen waren, die an

Blauer Laufkäfer. Laubstreu und Totholz sind die Elemente von Insekten- und Schneckenjägern.

Ein Waldkauz wärmt sich.

Feldspitzmaus

Blättern bestimmter Pflanzen gefressen haben, um heranzuwachsen.

Die Kaulquappen der Froschlurche und die nach wenigen Wochen dem Wasser entsteigenden Kröten, Unken und Frösche brauchen ihre ganz unterschiedlichen Wohnstätten: Die Jungen raspeln ihre Nahrung im Wasser aus Algenbewuchs und Abfallmaterial, die ausgewachsenen Tiere sind auf Insekten spezialisierte Jäger zu Land.

Tiere mit größerem Raumanspruch und Aktionsradius kommen nur zeitweise in den Garten. Kleinvögel haben zwar während der Sanges- und Brutzeit ein begrenztes Territorium, ab dem Sommer aber ziehen viele Arten gesellig in Schwärmen kilometerweit umher. Sie besuchen nur hin und wieder die Bäume in unserem Garten, ein Vogelbad oder den Winterfutterplatz.

Auch Igel und Wiesel, Eidechsen oder Schlangen werden wir nur zu bestimmten Zeiten beobachten. Für Fledermäuse, Greifvögel und Eulen wird auch ein großer Garten lediglich für seltene und kurze Jagdausflüge interessant sein.

Manchmal verlocken recht sonderbare Umstände einen Gast zu einem Besuch. So kenne ich in der Nachbarschaft einen Waldkauz, der tagsüber gerne auf dem Rauchfang eines Wochenendhauses sitzt – aber nur, wenn dort eingeheizt ist.

So wird unser Garten von vielen Bewohnern zu unterschiedlichsten Zeiten und Zwecken genutzt. Es werden immer mehr Arten, denn unser Kenntnisstand hinsichtlich der Gestaltung wächst ebenso wie der Garten selbst. Die Lebensräume und Lebensbedingungen werden vielfältiger, die Lebensgemeinschaft wird komplexer und damit immer stabiler. Schädlinge, das ewige Thema in konventionellen Gärten, können wir bis auf wenige Ausnahmen vergessen.

Vom Segen der Schädlinge

Schwalbenschwanz-Raupe auf Dill

Alles Tierleben hängt von grünen Pflanzen ab. Denn sie allein können mit Hilfe des Lichts aus Wasser, Luft und anorganischen Stoffen organische Substanz bilden. Dieses Wunder vollzieht sich in jedem Blatt. Pflanzen stehen am Anfang der Nahrungsketten, Teile von ihnen sind Futter für andere. Wir Menschen stehen genau so in diesen Nahrungsbeziehungen. Trotzdem wird von Vielen jedes Beknabbern eines Blattes durch ein kleines Tier sogleich als Schaden und der Täter als Schädling angesehen. Dabei gehört dieser Vorgang zu den natürlichsten Dingen der Welt. Vitale Pflanzen gleichen diesen Verlust spielend aus, weder Gesundheit noch Schönheit werden durch ein paar löchrige Blätter oder Blüten geschmälert, im Gegenteil: Manchmal schmücken diese Tiere unseren Garten durch ihre Farbenpracht auf besondere Weise.

SCHÄDLINGE IM GARTEN UND IHRE SCHÖNHEIT

- **ROSENKÄFER:** Wie ein Edelstein glänzt beispielsweise der Rosenkäfer, wenn er sich in duftenden Blüten an nahrhaftem Pollen weidet. So gut wie nie tritt er in Massen auf, sodass sein Schaden auch für die edelste Rose vernachlässigbar ist. Als Larve sieht er dem gefürchteten Engerling, der wurzelfressenden Larve des Junikäfers ähnlich, lebt aber gerne in Komposthaufen von verrottendem Material. Dort sollten wir ihn schonen.

- **LILIENHÄHNCHEN:** Sehr schöne Käfer sind auch die Lilienhähnchen. Die leuchtend roten Käfer und ihre Larven fressen nur auf Lilien- und Lauchgewächsen, weswegen Viele diese Tiere töten. Normalerweise sind so drastische Eingriffe jedoch unnötig.

- **HEUSCHRECKEN:** Die Fraßtätigkeit der vielen Heuschreckenarten fällt meist überhaupt nicht auf. Sie sonnen sich gerne auf Blüten, in Einzelfällen hinterlassen sie auf diesen einige Löcher. Aber so schönen Tieren sollte man das ruhig verzeihen.

- **RAUPEN:** Auf Dill- oder Karottenblättern frisst manchmal die leuchtend gemusterte Raupe des Schwalbenschwanzes. Auch diesen einzeln lebenden Näscher brauchen wir nicht als Konkurrenten zu fürchten. Außerdem schlüpft nach erfolgreicher Verpuppung im nächsten Frühling einer unserer schönsten Schmetterlinge, der aber leider selten geworden ist.

Die Maulwurfsgrille liebt feuchten Boden.

Gefürchtete Schädlinge

KOHLWEISSLING Häufig und manchmal unangenehm ist dagegen der Kohlweißling. Genau genommen sind es zwei Arten, von denen die gelb gesprenkelten Raupen des Großen Kohlweißlings leicht von den grünen Larven des Kleinen Kohlweißlings zu unterscheiden sind. Vor beiden müssen wir zuweilen unsere Kohlgewächse tatsächlich durch Absammeln retten. Bei geringem Befall werden wir aber beobachten, dass sie durch Vögel, Wespen oder parasitierende Schlupfwespen dezimiert werden.

BLATTLAUS Auch die Kolonien von Blattläusen verschwinden normalerweise ohne unser Zutun, weil sie die Lieblingsspeise der Larven von Marienkäfern, Florfliegen und anderen Insekten sind.

MAULWURFSGRILLE Manche Gartenbesitzer klagen über die Maulwurfsgrille oder Werre. Dieser interessante, in seinem Bestand rückläufige und in Niederösterreich als gefährdet eingestufte Bodenbewohner, ernährt sich zwar hauptsächlich von Gliederfüßlern und Schnecken, unterminiert aber auch Wurzeln und beißt sie ab. Er ist ein ausgesprochener Freund feuchter Böden. Vielleicht soll sein allzu häufiges Auftreten uns darauf hinweisen, dass einfach zu viel bewässert wird.

MAULWURF Der wichtigste natürliche Feind der Maulwurfsgrille ist übrigens der Maulwurf, der einzige Warmblüter in unseren Breiten, der ausschließlich im Boden lebt. Obwohl bekannt ist, dass er Schnecken, Engerlinge und Drahtwürmer dezimiert, verfolgen ihn manche Gärtner trotzdem. Seine segensreiche Grabarbeit ist nämlich mit der Produktion der Maulwurfshügel verbunden, die zwar leicht zu beseitigen sind, cholerische Gemüter jedoch leicht in Erregung versetzen. So gilt der samtige Insektenfresser vielfach als nützlicher Schädling oder schädlicher Nützling, was einmal mehr die Unzulänglichkeit der Einteilung der Tierwelt nach unseren nur begrenzt gültigen Maßstäben zeigt.

SCHÄDLINGE ALS INDIKATOREN VERÄNDERTER UMWELTBEDINGUNGEN

Schädlinge, gegen die wir aktiv vorgehen müssen, kommen oft von außen in den Garten. Die gefürchtete Wühl- oder Schermaus beispielsweise vermehrt sich in ausgeräumten Ackergebieten, wo Mäusebussarde und andere Greifvögel keine Sitzwarten, Eulen keine Horstbäume und Wiesel keine ausreichende Deckung mehr finden.

Schneckenplage

Von viel weiter her ist die Spanische Wegschnecke zu uns gekommen. Die schön gefärbte, allzu vermehrungsfreudige Nacktschnecke ist in vielen Gegenden zum Problem geworden. Die Art wurde offenbar aus Südwesteuropa eingeschleppt. Spätestens seit der Kaninchenplage in Australien weiß man, wie massiv sich solche verpflanzten Arten oft ausbreiten, weil anscheinend zu wenig natürliche Regulatoren vorhanden sind. Ähnliches gilt zum Beispiel für den Kartoffelkäfer, aber auch für manche Pflanzen, etwa die Robinie und den Götterbaum, die Riesen-Goldrute und das Drüsige Springkraut.

Gift ist im Naturgarten ohnehin ausgeschlossen. Auch sonst ist Gift bei der Spanischen Wegschnecke problematisch, selbst wenn es nur für Schnecken tödlich ist. Auch diese Tiergruppe ist für ein funktionierendes Gleichgewicht wichtig: als Verwerter von absterbendem Blattwerk ebenso wie als Futter für Drosseln, Laufkäfer, die Larven von Weich- und Johanniskäfern und viele andere. Obwohl die Spanischen Wegschnecken von diesen auf natürliche Weise dezimiert werden, müssen wir zuweilen ein wenig mithelfen, indem wir sie in Bierfallen fangen, unter ausgelegte Bretter locken, oder, wenn gar nichts mehr hilft, in der Dämmerung oder bei nassem Wetter zerschlagen. Sollten noch zu wenig Schneckenjäger im Garten leben, könnten wir sie auch durch Laufenten, die man mittlerweile sogar leihen kann, unterstützen. Schließlich kann man sie mit Schneckenzäunen fern halten.

Spanische Wegschnecken: Kopula

Lebensgemeinschaft von Nützlingen und Schädlingen

Alle diese Beobachtungen zeigen, dass auch die »Schädlinge« in der Lebensgemeinschaft unentbehrlich sind. Denn sie sind die Nahrungsgrundlage der »Nützlinge«, die dann ihrerseits deren Bestände kontrollieren. Wovon sollten zum Beispiel die allseits geschätzten Singvögel leben, wenn Raupen, Käfer oder Mücken nicht überall auf den Blättern und Ästen zu finden wären.

Für eine große Zahl von Tieren, die wir als »Nützlinge« nicht missen wollen, sind pflanzenfressende und -saugende Insekten die Nahrungsbasis. Darum müssen wir auch sie leben und fressen lassen. Erst wenn es allzu viele werden und ihre natürlichen Gegenspieler ihrer gar nicht mehr Herr werden, sind giftfreie, nützlingsschonende Abwehrmethoden zu überlegen. Vorher ist noch zu bedenken, dass ein massiver Befall von Schadorganismen meistens die Folge von gärtnerischen Fehlern ist. Schlechter, unbelebter Boden, falsche Standortwahl oder überzüchtete, anfällige Pflanzensorten sind häufige Ursachen, deren Beseitigung meist sinnvoller und zielführender ist, als die Bekämpfung der Symptome.

Analog dazu weisen uns gewisse Unkräuter als Zeigerpflanzen auf bestimmte Bodenverhältnisse hin. Stumpfblatt-Ampfer, Ackerdistel und Ackerwinde sind mit ihren tief reichenden Wurzeln das natürliche Korrektiv auf verdichteten Böden. Neben ihrer direkten Bekämpfung durch Jäten wäre tiefes Lockern mittels Grabgabel auf längere Sicht erfolgreicher – und für andere Gartenpflanzen sowieso nötig.

Um harmlose Tiere wie die Gartenschnecke zu schonen, wird im naturnahen Garten kein Schneckengift verwendet.

TIPP Für alle wirklichen Schädlingsprobleme werden in Biogartenbüchern und Naturgartenberatungen vielerlei ungiftige und umweltschonende Vorgangsweisen empfohlen. Im Naturgarten werden sie ohnehin immer seltener nötig sein. Die wirksamste Schädlingsbekämpfung passiert im Kopf. Wenn wir uns von der über Generationen hin entstandenen Schädlingshysterie befreien, bleiben nur mehr ganz wenige Arten als Schädlinge übrig. In allen anderen kleinen Pflanzenfressern sehen wir keine Feinde oder Konkurrenten, sondern gleichberechtigte Teilhaber der Lebensgemeinschaft. Dann verstehen wir leichter ihre Botschaft, die uns darauf hinweist, dass wir etwas falsch gemacht haben. Und wir sind dankbar für die vielfältige Bereicherung der Nahrungsketten, die weiteres Tierleben in den Garten lockt.

Lebensraum Naturgarten

Ob durch Kräuter, Gehölze, die geeignete Bodenbedeckung, Wiese, Holz, Stein oder Wasser angelockt – Tiere siedeln sich nur dann in unseren Gärten an, wenn sie auch optimale Bedingungen vorfinden. Nahrung, Schutz und Klima müssen den unterschiedlichen Ansprüchen jeder Art entsprechend vorhanden sein. Den Lebensraum Naturgarten für die verschiedensten Tierarten freundlich und einladend zu gestalten, ist gar nicht so schwierig, und für Tier wie Mensch gleichermaßen eine Freude.

Kräuter und Gehölze für Tiere

Engelwurzblüte mit Insekten

Heimischen Pflanzen den Vorzug geben

Auch im naturnahen Garten dürfen wir nach Herzenslust säen und pflanzen was uns gefällt. Mit dabei sein müssen aber unbedingt heimische Gewächse. Aus zwei Gründen sind sie das wichtigste Element: Erstens sind sie, wenn ihr Standort halbwegs stimmt, angepasst, robust und pflegeleicht. Zweitens sind sie unentbehrlich für viele Tiere.

Zwar sind auch manche Exoten bekannte Insektenpflanzen, etwa der aus Ostasien stammende Sommerflieder, Phlox und Staudenastern aus Amerika, deren Duft und Nektar zahlreiche Schmetterlinge und andere Bestäuber anlocken. Robinien und Riesen-Goldruten werden von Imkern sogar als Bienentrachtpflanzen kultiviert. Wer auf Drüsigem Springkraut die großen Raupen des seltenen Weinschwärmers findet, sieht in ihnen womöglich den Beweis für einen besonders tierfreundlichen Garten. Gerade Robinien, Riesengoldrute und Drüsiges Springkraut sollten wir eher bekämpfen, denn sie neigen nicht nur im Garten sondern auch im Freiland zu aggressiver Vermehrung und sind eine Gefahr für die heimische Flora.

Es gibt aber auch andere Beispiele. Der reiche Blütenschmuck der in China beheimateten Forsythie wird von der Insektenwelt kaum beachtet. Dagegen beobachten wir beim heimischen Gelben Hartriegel, der sich ebenfalls in den ersten Frühlingstagen mit leuchtenden Blüten schmückt, das rege Summen und Flattern der Insekten. Außerdem ernten viele Vögel im Sommer seine wohlschmeckenden »Dirndln«.

Wechselseitige Beziehungen

In jedem Gebiet der Erde haben über geologische Zeiträume hinweg die Pflanzen und Tiere in wechselseitigen Beziehungen gelebt, sich an Klima, Boden und andere Lebewesen ihrer

TIPP **Die leider immer noch beliebten Thujenhecken und exotischen Wacholderarten sind für Tiere so gut wie bedeutungslos – mit Ausnahme der vor einigen Jahren eingeschleppten Thujen-Miniermotte. Die heimischen, im Freiland bereits gefährdeten Nadelhölzer Eibe und Echter Wacholder sind mindestens ebenso schön, dabei aber robuster. Sie übertragen keine Obstkrankheiten, und an ihren hübschen Beeren laben sich etliche Vogelarten.**

Umwelt angepasst. So entwickelten sich im Laufe der Evolution vor Millionen von Jahren Blütenpflanzen und ihre Bestäuber parallel – Blumen mit Schauapparaten, Nektardrüsen und Düften; Insekten mit darauf ausgerichteten Sinnes- und Saugorganen.

Im Kleinen erfolgten noch viel engere Spezialisierungen. So klebt das Zitronenfalterweibchen seine Eier im Frühling an die austreibenden Knospen des Faulbaums, denn die Raupe kann sich von keiner anderen Pflanze ernähren. Die Raupen des Braunen Mönchs werden wir ausschließlich auf Königskerzen finden. Ganz ähnlich ist es beim Windenschwärmer, der aus dem Süden über Meer und Alpen bei uns einfliegt, um zur Eiablage Winden zu suchen. Selbst das Gift mancher Pflanzen wird ausgetrickst: Die Raupen des Wolfsmilchschwärmers benutzen es sogar, um für ihre Feinde ungenießbar zu werden, und warnen mit grellen Farben vor diesbezüglichen Versuchen.

Unkräuter – Ein Paradies für Schmetterlinge

In diesem Zusammenhang zeigen auch Unkräuter ihren Stellenwert im Naturhaushalt. Ausgerechnet durch die wegen ihrer Wehrhaftigkeit für uns besonders unangenehmen Begleitkräuter werden die schönsten Schmetterlinge angelockt. Distelblüten werden ganz besonders intensiv von Insekten umschwärmt. Ihre stacheligen Blätter sind Nahrung und gleichzeitig Schutz für die Raupen des Distelfalters. Kleiner Fuchs, Landkärtchen und Tagpfauenauge sind ausschließlich auf die Brennnessel als Raupennahrung angewiesen. Diesen schönen Gartenbewohnern zuliebe müssen wir irgendwo auch diese Kräuter haben. Gerade in allzu gepflegten Gartensiedlungen und Grünanlagen wäre ein »wildes Eck« mit diesen und anderen Pflanzen eine Kinderstube für die im Wind schaukelnden, mit ihrer Farbenpracht den Garten schmückenden Lebewesen.

Andere Schmetterlingslarven sind weniger wählerisch, aber auch ihr Speisezettel beschränkt sich auf wenige einheimische Pflanzengattungen. So lebt die Raupe des Kaisermantels auf Veilchen und Himbeeren, die bereits erwähnten Raupen des Kleinen Weinschwärmers auf Weidenröschen, Springkraut und Labkraut. Die Larven des Großen Nachtpfauenauges, Europas größtem Schmetterling, werden auf verschiedenen Obstbäumen groß, jene des Schachbretts auf weichen Gräsern.

Zitronenfalter auf Blutweiderich

TIPP **Jede heimische Pflanzenart wird von mehreren Tieren genutzt. Man rechnet, dass im Schnitt eine Pflanzenart zehn Tierarten ernährt oder beherbergt. Und weil diese Abhängigkeiten manchmal sehr stark sind, werden mit dem Schwinden mancher Pflanze auch einige Tierarten selten oder sogar ausgelöscht. Umgekehrt ermöglicht man durch eine große Vielfalt an heimischen Gewächsen einer vielfältigen Tierwelt die Existenz im eigenen Garten.**

SCHMETTLINGSFREUNDLICHE BLUMEN FÜR DAS STAUDENBEET Erwachsene Schmetterlinge und auch Blütenbesucher aus anderen Insektenordnungen gewinnen ihre Nahrung zwar aus vielerlei Blumen, haben aber oft ihre besonderen Lieblinge. Auf Magerwiesen werden wir Schachbrett oder Widderchen überwiegend auf Steinnelken, Witwen- und Flockenblumen beobachten. Als Insektenblumen für das Staudenbeet eignen sich insbesondere Echter Dost, Wasserdost und Engelwurz, deren Blüten scharenweise von Schmetterlingen und Hautflüglern, Zweiflüglern und Käfern beflogen werden.

Kräuter und Gehölze: Reichliche Nahrung

FRÜCHTE UND SAMEN Früchte und Samen sind natürlich auch eine wichtige Nahrung für Tiere. Sie enthalten oft besonders viele Nährstoffe – einerseits als Starthilfe für den daraus wachsenden Keim, andererseits um Tiere anzulocken, die für ihre Verbreitung sorgen. Auf den Fruchtständen von Karden und Disteln turnen im Winter Grünlinge und Stieglitze, Sumpfmeisen bearbeiten die dürren Köpfe verschiedener Stauden. Am ergiebigsten sind die Früchte der Walnuss, die allerdings durch ihre harte Holzschale geschützt ist. Nur die Nagezähne von Eichhörnchen und Siebenschläfer, sowie die starken Schnäbel von Buntspecht, Krähe und Eichelhäher vermögen sie zu knacken.

BLÜTEN- UND BEERENSTRÄUCHER Klassische Pflanzen, welche der Vogelwelt – und nicht nur dieser – mehrfach nützen, sind die Blüten- und Beerensträucher. Zum Beispiel bieten Holunder und Vogelbeere, Weiß- und Schlehdorn der Tierwelt mit ihren Blüten und Früchten reichlich Nahrung. Wildrosen machen die kurze Blütezeit durch ihren den ganzen Herbst und Winter über währenden Fruchtschmuck wett. Auch für den Menschen giftige Beeren wie Liguster und Trauben-Holunder

GEHEIMNISSE DER SCHÖPFUNG

Die Freude naturliebender Menschen an Blumen wird noch größer, wenn diese von bestäubenden Insekten besucht werden. Dass die Farben, Symmetrien und Düfte der Blüten nicht den Menschen, sondern den sie bestäubenden Tieren gelten, und trotzdem schon jedes Kind anziehen, ist ein wunderbares Geheimnis der Schöpfung.

Der visuell orientierte Mensch verwendet Blumen gerne als reine Dekorationselemente und züchtet daher mit Vorliebe große, gefüllte Formen. Dabei werden aus Staubgefäßen Blütenblätter und auch die Nektarien gehen meist verloren. Die Blüte verliert so ihren biologischen Sinn der Fruchtbildung ebenso wie jenen der Nahrung für Insekten. Deswegen sind dem Naturgarten ungefüllte Formen angemessener. Ihr klares Blütengesicht entschädigt wohl auch für die vielleicht geringere optische Fernwirkung.

Schwebfliegen in Mohnblüte

Hornisse auf Zwetschke

PERFEKTE TARNUNG

Die meisten Kleinvögel brauchen dichte Büsche als Nachtquartier. Dort verbergen sie sich so perfekt, dass wir sie so gut wie nie schlafend zu Gesicht bekommen. So manche fliegenden, kriechenden oder krabbelnden Winzlinge halten ebenso ihre Ruhezeiten auf Blättern oder Borken sitzend, manchmal noch zusätzlich durch verblüffende gemusterte Farben getarnt. Die meisten Nachtfalter verbringen auf diese Weise unauffällig den gefährlichen Tag. Auch mancher bunte Tagschmetterling kann sein leuchtfarbenes Flügelornament blitzschnell verschwinden lassen, indem er die Flügel zusammenklappt und deren Unterseite mit einem dunklen Rindenmuster zeigt. Nahezu unsichtbar in einer Nische verbringen so zum Beispiel Landkärtchen, Admiral und Distelfalter kühle, regnerische Zeiten, C-Falter und Pfauenauge sogar den ganzen Winter.

Nachtfalter mit Tarnfärbung

Rotkehlchen füttert Junge mit Raupe.

werden von Amseln und Drosseln, Grünlingen und anderen verzehrt. Die orangefarbenen Samen des Pfaffenkäppchens werden sogar von den Rotkehlchen geschätzt, obwohl diese an sich Insekten jagen.

OBST Selbstverständlich werden auch viele Obstarten von Tieren geerntet. Überreifes Obst wird von Vögeln und Wespen angebissen, späte Admirale wenden sich von den verwelkenden Herbstblumen den süßen Säften von Birnen und Zwetschken zu. Wenn wir einen kleinen Teil unserer Kirschen, Trauben oder Äpfel ohne Neid und Ärger den Staren oder Amseln, Steinmardern und Siebenschläfern überlassen und uns an ihrem Anblick erfreuen, können wir die Natur genießen, statt Stress zu haben – und haben bestimmt immer noch genügend zu essen.

Behausungen, Brutplätze und Winterquartiere

Pflanzen sind für viele Tiere nicht nur als Nahrung von Bedeutung. Das Vogelnest im schwankenden Geäst – vom Boden aus schwer erreichbar, nach oben von dichtem Blattwerk überdacht – ist Inbegriff einer sorgsam gebauten, verborgenen, aber dennoch allerlei Gefahren ausgesetzten Behausung. Alle frei brütenden Vogelarten brauchen dicht gewachsene Sträucher und Bäume als Nistplatz. Brutplätze für höhlenbrütende Vögel entstehen, wie wir noch sehen werden, im starken Holz toter oder kernfauler Bäume. Auch Bodenbrüter sind auf Pflanzen angewiesen, denn fast alle legen ihr Nest im Dschungel üppig wachsender Kräuter an.

Wegen ihrer munteren, tagaktiven Lebensweise fallen uns Vögel besonders auf und sind wohl die beliebteste Tierklasse. Sofern sie sich nicht von Samen oder Knospen ernähren wie die Finken, weisen Vögel uns auch auf kleinere, unscheinbare Tiere hin, die auf Pflanzen sitzen und nach denen sie jagen.

Rotkehlchen und Zaunkönige sind dabei ausgesprochene Bewohner der Krautschicht unter Gehölzen, von der, und unter der sie Mücken, Käfer und Raupen sammeln. Sehr viele Vögel turnen im Gezweig und suchen auf Blättern, Ästchen oder in Ritzen der Rinde nach Gliederfüßlern, die sich ihrerseits dort ernähren oder Schutz suchen.

Sonne und Schatten – Die beliebtesten Gartenplätze

Von kleinen Kräutern und Gräsern über Hochstauden und Sträucher bis ins hohe Geäst der Bäume sind Pflanzen von Tieren bevölkert. Das heißt aber nicht, dass ein zugewachsener, waldähnlicher Garten die meisten Tiere beherbergt. Offene, sonnenwarme Plätze, spärlich bewachsene Fels- und Trockenstandorte und natürlich Gewässer weisen oft einen weitaus größeren Artenreichtum auf.

Die meisten Gartenpflanzen sind von niederem Wuchs und lichtbedürftig. Bei starker Beschattung verhungern sie. Freilich trifft dies nicht auf alle zu. Manche Frühlingsblumen entstammen dem Laubwald und beschränken ihre Blüh- und Wachstumsphase auf die helle Zeit vor dem Austrieb der Bäume. Dann werden sie auch von Insekten besucht. Ab Mai vertragen Lungenkraut und Leberblümchen, Lerchensporn und Schlüsselblume ohneweiters tiefen Schatten.

SCHATTENLIEBHABER Einige Pflanzen fühlen sich überhaupt im Schatten am wohlsten. Alle Farne mit ihren herrlichen Blättern, die am Boden kriechende Haselwurz mit ihrem dunkel glänzenden Laub und die hohen Gestalten von Waldgeißbart und Woll-Hahnenfuß bilden mit der Japan-Primel eine prachtvolle Gesellschaft, in der wegen des Lichtmangels wenig Unkraut wächst. Die feuchte, kühle Luft an solchen sonnenlosen Plätzen wird gerne von Gehäuseschnecken oder Grasfröschen aufgesucht.

SONNENANBETER Dies sind jedoch eher Sonderstandorte, die den Garten zusätzlich bereichern. Im Allgemeinen mögen Pflanzen und Tiere so wie die Menschen das liebe, warme Sonnenlicht. Schon deshalb müssen wir auch im Naturgarten jäten und schneiden,

Der Wechsel von dicht bewachsenen und offenen Plätzen belebt optisch und ökologisch.

Schattenbeet mit Haselwurz, Woll-Hahnenfuß und Farnen

Von unbewachsenem Boden bis zum Wald reichen die Besiedelungsstadien.

mähen und holzen. Denn wenn wir nicht eingreifen, entwickelt sich jeder Garten allmählich zu einem Wald.

Vielfalt an Besiedelungsstadien – Sukzession

Nicht nur die Vielfalt an Standorten und Naturelementen ermöglicht Artenreichtum, sondern ebenso die Vielfalt an Besiedelungsstadien. Bis vegetationsloser Boden von richtigem Wald bedeckt ist, vergehen viele Jahrzehnte, in denen sich die Pflanzengesellschaften mit ihrer Tierwelt entwickeln. Offener Erdboden wird zunächst spärlich von einjährigen Kräutern besiedelt. Nach wenigen Jahren bilden Stauden und Gräser eine Wiesengesellschaft, in die sich Sträucher und junge Bäume mischen. Je mehr diese heranwachsen, verändert und verringert sich am immer schattiger werdenen Boden die Krautschicht. Diese typische Besiedelungsabfolge wird Sukzession genannt.

Ein wesentlicher Teil der Gartenarbeit besteht im Bremsen oder Zurücksetzen der Sukzession. Jedes Lockern des Bodens, Ausreissen von Unkraut oder keimenden Gehölzen schafft auch für Tiere Verhältnisse, die den in der Urlandschaft nach Hochwässern, Stürmen und anderen Naturkatastrophen herrschenden vergleichbar sind. In der kleinen Welt des Gartens ersetzen wir die Dynamik der Naturgewalten, indem wir die Vegetation, die immer dichter und höher wachsen will, stellenweise mit Säge, Sense und Grabgabel eindämmen, um frühe Stadien der Sukzession zu erhalten.

So enthält ein gut ausgestatteter Naturgarten möglichst viele Stationen der Sukzession mit ihren Gesellschaften. Alte Bäume und dichte Hecken sind für die Tierwelt ebenso wichtig wie Wiesen, Stauden- und Gemüsebeete und sogar kleine Stellen mit aufgegrabener Erde. Im Allgemeinen sollte der Boden allerdings bedeckt sein.

Die Boden-bedeckung

In der kühlen Jahreszeit sind Laubstreu und dürre Stauden Schutz und Schmuck.

Es ist ein erhebendes Gefühl, wenn man seine angeborene Faulheit vor sich und Anderen rechtfertigen kann. Selten gibt es Arbeiten, deren Unterlassung besser ist als ihre mühsame Ausführung. Das herbstliche Abschneiden und Säubern von Stauden- und Gemüsebeeten gehört dazu. Die bei konventionellen Gartenbesitzern eingefleischte Pflichtübung findet im Naturgarten nicht statt. Erst im Vorfrühling werden die wenigen Stängel, die dann noch stehen, abgeschnitten. Das am Boden liegende Material wird nur dort beiseite geräumt, wo wir offenen Boden zum Säen brauchen.

Damit ersparen wir uns das Wegräumen, das Kompostieren und das Düngen. Die Nährstoffe bleiben am Standort und werden im Zuge der Verrottung wieder für Pflanzen verfügbar, der Boden wird belebt und mit Humus angereichert. Die Bodenstreu ist im Winter die ideale Isolierdecke, die den Boden warm hält. Alles frostempfindliche Leben darin – Regenwürmer und Mikroorganismen ebenso wie Knospen, Knollen und Zwiebeln unserer Pflanzen und alles, was am und im Boden überwintert – wird so vor den tiefen winterlichen Temperaturen geschützt.

Sinnvoller Schutz im Herbst und Winter

Über dem Boden erfreuen uns die oft bizarren Pflanzenskelette im geheimnisvoll düsteren Novembernebel, im flaumigen Kleid des Neuschnees, im eisigen Kristallschmuck des Reifs.

Der Naturgarten ist auch dann, wenn er ruht, interessant, und wir können uns an den Reizen und Schönheiten der kalten Jahreszeit erfreuen.

Für Tiere bieten die vielen hohlen Stängel und zusammengerollten Blätter schützende Wohnungen. Meisen und Finken finden immer noch Nahrhaftes auf den Fruchtständen oder nutzen sie als katzensicheren Rastplatz.

Der Herbstwind verteilt das von Bäumen und Sträuchern der Umgebung gefallene Laub auch über unseren Garten. Wiesen und Rasenflächen werden dadurch ebenfalls mit lockerem Streumaterial angereichert. Da scharren Drosseln und Amseln gerne, stochern nach darin versteckten Schnecken, Spinnen und Insekten. Sobald Tauwetter herrscht, finden sie auch die lichtscheuen Regenwürmer unter der Oberfläche.

Eine dicke Schneedecke kann die im Herbst lockere Streuschicht zu einer Art zäher Haut zusammenpressen. Nachdem der Schnee geschmolzen ist sieht sie für eine kurze Zeit nicht sehr attraktiv aus. Viele Gartenbesitzer meinen, sie hindere ihre grünen Lieblinge am Austreiben, und kratzen sie weg. Es findet aber jede Pflanze ihren Weg ans Licht des Frühlings, egal, ob sie mit spitzen Knospen oder runden Köpfchen aus dem ebenfalls festen Boden kommt.

Schneeglöckchen und Winterling, Krokus und Narzissen erscheinen genau so zur rechten Zeit auf dem Beet wie Gras und Kraut auf der Wiese. Der »Abfall« des Bestands vom Vorjahr am Boden wird rasch von frischem Grün überwachsen, während er mit zunehmender Wärme abgebaut wird und zu Humus zerfällt.

Wertvoller Dünger im Frühling und Sommer

Wenn es dem Bodenleben gut geht, sagen Biobauern, brauchen wir uns um Gesundheit und Ertrag der Pflanzen keine Sorgen zu machen. Darum wird es mit nährendem Material, durch Haufen- und Flächenkompostierung, ernährt und gepflegt.

Auf Beeten, die keine dicht geschlossene Pflanzendecke tragen, ist die im Winter vor Kälte schützende Streuschicht im Sommer

DER BODEN – EIN DICHT BEVÖLKERTER LEBENSRAUM

Im Komposthaufen, für den auch im Naturgarten immer noch genug Material anfällt, kennen wir diesen Abbau organischen Abfalls. Genau so geschieht es überall in der Natur. Er ist das bewundernswerte Werk der unscheinbaren Gruppe der Destruenten (Zerstörer), wie die abbauenden Organismen genannt werden. Pilze und Bakterien, Milben, Springschwänze und viele andere winzige Tiere verwerten und zerlegen zusammen mit den Regenwürmern die Reststoffe und fügen sie mit Tonanteilen des Bodens zu Ton-Humus-Komplexen zusammen, die die Grundlage für eine stabile Krümelstruktur bilden. Durch Pilze zusammengehaltene Bodenkrümel gewährleisten mit ihrem Gefüge aus Grob- und Feinporen die für die Wurzeln geeignete Mischung von Wasser, Luft und Nährstoffen. Mit den Milliarden von Kleinstlebewesen in einer Handvoll guten Bodens ist diese wenige Zentimeter dünne Haut unserer Erde der am dichtesten bevölkerte Lebensraum.

Für den Winterling und alle anderen Pflanzen ist die Streudecke kein Hindernis, sondern Schutz und Nahrung.

ebenso wichtig. Da bewahrt sie den Boden vor übermäßiger Hitze und Verdunstung. Sobald die Pflanzen, die wir gesät oder gesetzt haben, angewachsen sind, wird der offene Boden dazwischen mit gemähtem Gras gemulcht. Darunter bleibt der Boden feucht, wir sparen das Gießen und Beregnen. Außerdem wird dadurch das Bodenleben genährt, und manches Kleingetier findet darin seinen Unterschlupf. Unliebsame Nacktschnecken mögen zwar auch dabei sein. Ihre Feinde, wie Laufkäfer und Erdkröten, Blindschleichen und Spitzmäuse, fühlen sich jedoch unter der Streu- und Mulchdecke ebenso wohl und halten sie in Schach.

SCHNECKEN ALS WICHTIGE HELFER Die schon ausführlich besprochene Spanische Wegschnecke, welche besonders bestimmte Gemüse- und Blumenarten zum Fressen gern hat, ist eine unangenehme Ausnahme. Wir brauchen uns durch sie nicht gleich eine ganze Tierklasse zum Feind machen, um dieser den Krieg mit Giften zu erklären. Im Garten leben möglicherweise Dutzende Arten von Gehäuse- und Nacktschnecken. Überwiegend verursachen sie außer kleinen Löchern keine gravierenden Schäden an lebenden Blättern, sondern fressen welkendes Laub. Damit helfen sie mit beim Abbau organischen Abfalls. Auch als Nahrung der vielen Schneckenfresser sind sie wichtig.

IN DER NATUR FINDET ALLES VERWENDUNG Gehäuseschnecken, wie Garten-, Baum- oder Weinbergschnecken sind auch optisch eine Bereicherung für den Garten, wenn sie ihre bewundernswerten Spiralgehäuse über die regennassen Blätter schleppen. Leere Schneckenhäuser werden übrigens von allerlei anderen Tieren als Versteck benutzt. Die Mauerbienen legen in ihnen sogar regelmäßig ihre Brutnester an.

RECHTE SEITE: Goldlaufkäfer durchsuchen die Streu nach leckeren Schnecken.

Blindschleichen sind beinlose Eidechsen. Sie leben vor allem in lockerer Laubstreu.

Bodenleben schützen

Damit die vielseitig bewohnte Bodenbedeckung erhalten bleibt und auch die darunter liegenden Bodenschichten mit ihrer spezifischen Besiedlung nicht gestört werden, wird im biologischen Garten- und Landbau der Boden gelockert, aber nur ausnahmsweise, und dann möglichst nur flachgründig gewendet. So werden Grabgabel, Krail und Kultivator weitaus häufiger verwendet als Spaten und Haue. Kompost wird nur flach eingearbeitet. Stallmist für stark zehrende Gemüse kommt, wenn er nicht zuerst kompostiert wird, im Herbst fein verteilt auf die Oberfläche und sollte mit Gesteinsmehl bestreut werden. So wird er schnell von Sauerstoff liebenden Bakterien besiedelt und zu nährendem Humus abgebaut.

Die Rückführung des organischen Abfalls, sein Aufgehen in der Bodenkrume und die Aufnahme seiner Bestandteile durch Wurzeln vollzieht sich durch eine Lebensgemeinschaft von Pilzen, Bakterien, Tieren und Pflanzen in einer dunklen Welt, die wir oft zu wenig kennen und beachten. Von dieser hauchdünnen Oberfläche unseres Planeten hängen aber – neben unserer Ernährung – auch so lebenswichtige Dinge wie Kohlendioxidbindung und Wasserrückhalt ab. Im Garten können wir viel darüber lernen.

Wiese statt Rasen

Eine Wiese ist in jeder Hinsicht lebendiger als ein Rasen.

Blühende Wiesen zieren als Bilder vielleicht bald mehr Plakate, Produkte und Fernsehspots als die reale Erdoberfläche. Denn in der Werbung sind sie das beliebteste Symbol für ursprüngliche, unbeeinflusste Natur. Tatsächlich wurden und werden sie jedoch durch traditionelle Landwirtschaft geschaffen und erhalten, sind also Elemente der Kulturlandschaft, im Sinne einer gelungenen Einpassung des wirtschaftenden Menschen in seine natürliche Umwelt.

Von Blumen gesäumter Rasenweg. Da haben auch Heuschrecken eine Chance.

BUNTE BLUMENWIESEN Wiesen müssen beweidet oder gemäht werden, sonst wird aus ihnen allmählich ein Wald. Die meisten Blumenarten blühen in Magerwiesen. Intensivdüngung erkauft die Ertragssteigerung mit einer starken Artenverarmung. Wirklich natürliche Wiesen sind bei uns, abgesehen von frühen, eventuell unter dem Einfluss von Großpflanzenfressern verlängerten Sukzessionsstadien, die alpinen Rasen über der Baumgrenze und die primären Trockenrasen auf extrem seichtgründigen und warmen Standorten. Besonders Letztere gehören mit ihrem Reichtum an bunten Blumen und seltenen Tieren zu den kostbarsten Naturschätzen unserer Heimat.

KONVENTIONELLE RASEN Der Rasen des konventionellen Gartens ist das Gegenteil davon: Mit einem Großaufgebot an Arbeit und Maschinen, Chemikalien und Wasser wird da eine blumen- und tierfeindliche Monokultur zum Wachsen gezwungen. Beharrliche Werbung für Produkte zur Rasenpflege hat in viele Köpfe dieses Bild eines naturfernen Golfrasens, als Inbegriff eines Vorzeigegartens gepflanzt. Wer sich davon befreit, spart Geld und Zeit, schont Ressourcen und Umwelt, freut sich an Blütenteppichen und singenden Heuschrecken.

Alternative: Rasen im Naturgarten

Auf Wegen, auf Plätzen zum Liegen, Sitzen oder Spielen brauchen wir einen Rasen, denn eine Wiese würde beim häufigen Betreten geknickt. Er wird im Naturgarten aber weder gedüngt noch bewässert und selten gemäht. So haben Gänseblümchen und Persischer Ehrenpreis, Löwenzahn und Weißklee Zeit zu wachsen und zu blühen. Der seltenere Maschineneinsatz und der etwas höhere Pflanzenbestand ermöglicht jungen Spinnen, Heuschreckennymphen und anderen Tieren, sich zu entwickeln. Die zahlreichen Blumen laden bestäubende Insekten als Gäste ein.

Moos hat in einem solchen Rasen kaum Chancen sich auszubreiten. Wenn es trotzdem wo wächst, freut sich ein Naturgartenbesitzer über die Bereicherung seiner Flora. An häufig begangenen, besonders an trockenen oder schattigen Stellen, entstehen leicht Lücken im Rasen. Kies oder Steine machen sie wieder trittsicher, und die kleine Abwechslung kann für die Tierwelt eine willkommene Bereicherung sein.

TIPP **Der Wegfall der das Wachstum antreibenden Düngung und Bewässerung vergrößert den Abstand der Mähtermine, so dass wir wieder Arbeit und Energie sparen. Das feine Mähgut eignet sich hervorragend für eine erste zarte Mulchdecke unter kleinen Einjahresblumen und Gemüsepflanzen.**

Wo selten gemäht, nicht gedüngt und bewässert wird, gedeihen Gänseblümchen, Löwenzahn, Ehrenpreis und es entsteht ein Paradies für viele Tiere.

Wiesen richtig pflegen

Ein Wiesenbestand hat etwa die zehnfache Höhe eines Rasens. Er enthält außerdem weitaus mehr Pflanzenarten. Das Mähen erzeugt ja eine Auslese unter den Pflanzen. Einmal im Jahr mähen genügt, um das Aufkommen von Gehölzen zu verhindern, es werden sich jedoch Hochstauden ausbreiten. Wird im Juni und im September geschnitten, so werden viele Kleinstauden als Frühlingsblumen und im zweiten Aufwuchs wieder andere als Sommerblumen blühen. Wird noch häufiger gemäht, wie das bei stark gedüngten Futterwiesen oder beim Rasen der Fall ist, so verschwinden immer mehr Blumen, weil sie nicht mehr zur Blüte und Fruchtbildung kommen. Darum leuchten aus einer jährlich zweimal gemähten Wiese von April bis Oktober in jedem Monat andere Blumen, während ein Rasen um so eintöniger wird, je mehr er gepflegt wird.

Wo der Rasen nicht wirklich als solcher gebraucht wird, lassen wir deshalb Wiese wachsen. Denn dieser durchsonnte kleine Dschungel ist ökologisch vielfältiger, schenkt uns den fröhlichen Anblick bunter Blumen und die Möglichkeit, zahlreiche Tiere darin zu beobachten und zu belauschen. Das Mähen mit einer guten Sense ist ein gesundes Training für die Muskeln und die Geschicklichkeit. Es sollte nicht zu früh gemäht werden, damit noch viele Blumensamen ausfallen können; und nicht zu spät, damit sich die trocken und holzig werdenden Halme noch schneiden lassen.

NÄHRSTOFFE ENTFERNEN Das Entfernen des geschnittenen Grases ist nicht nur nötig, damit wir beim nächsten Mal nicht mit der Sense in halb verrottetem Heu stecken bleiben. Es hat auch den Vorteil, dass Nährstoffe entfernt werden, der Boden allmählich mager, die Wiese schütter und bunt wird. So entstehen geeignete Keimbetten für immer mehr Blumenarten. Es dauert allerdings oft Jahre, bis sich eine Pflanzengesellschaft merkbar ändert. Denn Nährstoffe aus einem Boden zu entfernen ist weitaus schwieriger, als Dünger zu streuen. Und viele konventionelle Gärten leiden tatsächlich an Nährstoffüberschüssen.

AUSSAAT UND EINSETZEN VON PFLANZEN Da können wir mit gärtnerischen Mitteln nachhelfen und auf kleinen Flächen von etwa einem Quadratmeter die Grasnarbe entfernen. Dort säen wir eine Wildblumenmischung oder selbst gesammelte Samen. Wir können auch entsprechende Pflanzen setzen und hoffen, dass sie sich von diesen Inseln aus schneller in der Wiese verbreiten. Stauden wie Wiesensalbei und Margeriten, Steinnelken und Witwenblumen können wir zum Bleiben veranlassen, indem wir die sie bedrängenden Konkurrenzpflanzen gelegentlich abreißen.

Der Warzenbeißer, eine unserer schönsten Heuschrecken, braucht Magerwiesen als Lebensraum.

TIPP **Besonders geeignet zum Einpflanzen in eine Wiese sind robuste Frühblüher wie Schneeglöckchen und Winterling, Krokus und Stern-Narzisse, an schattigen oder feuchten Stellen die Frühlings-Knotenblume. Die die Nährstoffe speichernden Zwiebeln, Knollen oder Wurzelstöcke dieser Geophyten (»Erdpflanzen« mit unterirdischen Speicherorganen und Knospen) graben wir im Herbst ein.**

Frühlings-Knotenblumen lieben schattig-feuchte Wiesenplätze.

Auch wenn die erträumte, bunt bestickte Blumenwiese noch auf sich warten lässt, erfreuen uns doch schon die gelben Blüten von Löwenzahn und Scharfem Hahnenfuß, die weißen Dolden von Bärenklau und Bibernelle. Darüber erheben sich die rot überlaufenen Blütenstände vom Sauerampfer, die Ähren und Rispen blühender Gräser. Allerlei Insektenvolk tummelt sich auf Blättern und Blüten, Fliegen, Mücken und Schnaken, sowie besonders gefärbte Wanzen und Käfer. Spinnen spannen ihre klebrigen Fangnetze aus, andere Tiere jagen auf die ihnen je eigene Weise ihre Nahrung.

Artenreiche Wiesenflora – Buntes Tierleben

Dieses Tierleben vervielfacht sich, je artenreicher die Wiesenflora wird, besonders in warmer,

Feldgrille vor ihrem Loch

Skorpionsfliege als Bestatter

UNTEN: Schachbrett auf Flockenblume

sonniger Lage. Magerwiesen mit lückiger Bestockung sind der Lebensraum der Feldgrille, die dort ihre kleinen Röhren gräbt. Die Männchen sitzen oft in deren Eingang und zirpen hingebungsvoll bis weit in die laue Frühlingsnacht hinein. Erst mit dem beginnenden Sommer entdecken wir neben Feldheuschrecken mit einigem Glück auch die mit körperlangen Fühlern ausgestatteten Laubheuschrecken und beobachten sie womöglich bei der Jagd nach kleineren Insekten. Der Warzenbeißer ist mit mehr als vier Zentimetern Länge eine imposante Art. Ebenso groß wird das noch etwas häufigere Grüne Heupferd, das Ausflüge in Büsche, Stauden- und Gemüsebeete unternimmt. Der durch das Aneinanderreiben gezähnter Beinschienen erzeugte Gesang löst zur Sonnwendzeit die melodischeren Stimmen der Grillen ab. Heuschrecken überwintern nur als Ei und wachsen erst im Laufe des Frühjahrs als Nymphen heran. Die Grillen schlüpfen dagegen im Sommer aus dem Ei und überwintern als Larven, deren Entwicklung schon weit fortgeschritten ist.

Wir finden sehr selten tote Tiere, denn auch diese werden schnell verwertet. Zum Beispiel von Skorpionsfliegen. Das sind zwei Zentimeter lange Schnabelfliegen mit hübsch gefleckten Flügeln. Ihren Namen verdanken die Skorpionsfliegen einem nach oben gebogenen Schwanzfortsatz bei den Männchen, der dem Stachelschwanz eines Skorpions verblüffend ähnlich sieht, jedoch nur für friedliche, nämlich Liebesangelegenheiten gebraucht wird.

Die auffälligsten Tiere der Gartenwiese sind wohl bestäubende Insekten, welche die reiche Wiesenflora anlockt. Während sie Nektar saugend und Pollen sammelnd von einer Blüte zur nächsten fliegen, vollziehen sie nichts ahnend die Befruchtung der Blumen. Von Bienen und Hummeln, Schwebfliegen und Bockkäfern bis zu den schönsten Schmetterlingen laben sich Vetreter verschiedenster Insektenordnungen in der Wiese. Besonders schöne Bewohner von Magerwiesen sind das Schachbrett und verschiedene Arten der

Der seltene Bienenwolf lauert auf kleine Blütenbesucher.

Widderchen. Diese sitzen am liebsten auf Witwenblumen oder Wiesen- und Skabiosen-Flockenblumen.

Das muntere Treiben auf den Blüten veranlasst kleine Jäger dazu, ebenfalls dort Platz zu nehmen. Die Veränderliche Krabbenspinne, die Rote Mordwanze oder der Bienenwolf, ein leuchtend rot und schwarz gefärbter Käfer, liegen da regungslos auf der Lauer. Für größere Wiesenbewohner ist ein Garten meist zu klein. Amseln und Stare suchen vor allem frisch gemähte Wiesen nach kleinen Beutetieren ab. Lerchen, Pieper und andere Wiesenbrüter benötigen weitaus größere Reviere, eben die Freiheit der offenen Landschaft.

DER EIGENE BEITRAG ZUM NATURSCHUTZ

Die kleine Blumenwiese in unserem Garten birgt auch schon reiches Leben. Es lohnt, alles zu tun, um möglichst viele Wiesenblumen mit Wiesengräsern in dieser fröhlichen Gesellschaft der Mähwiese zu vereinen. Denn in so manchen Ackerbau- und Grünlandgebieten verschwinden die Magerwiesen zunehmend durch Intensivierung oder Nutzungsaufgabe. Kulturlandschaften, sowie Reste weitgehend unberührter Naturgebiete können nicht durch noch so viele naturnahe Gärten ersetzt werden. Aber wir können wenigstens einem Teil dieser Lebensgemeinschaften ein Zuhause geben. Und Magerwiesen brauchen weitaus weniger Pflegearbeit als Pflanzbeete.

Die Mähwiese liefert Mulch- und Kompostmaterial oder duftendes Heu für eine romantische Nacht im Garten.

Besondere Plätze im Naturgarten

Zum Naturgarten gehören auch besondere Plätze. Ein echter Steingarten zum Beispiel fördert mit seinen extremen Bedingungen den gewünschten Artenreichtum. Ebenso finden in totem Holz unzählige Tiere Unterschlupf und Nahrung. Abgestorbene Äste und verdorrtes Gehölz müssen nicht sofort beseitigt werden, sondern können als natürliches Element in den Garten integriert werden.

Der echte Steingarten

Trockenmauer mit Hauswurz – lebendig und pfegeleicht

Steine nehmen die Strahlungswärme der Sonne in hohem Maß auf, speichern sie und geben sie in kühleren Zeiten wieder ab. Das nutzen und brauchen viele wechselwarme Tiere. Ansammlungen von Steinen bilden außerdem unterschiedlich große Hohlräume und Verstecke. Daher fördern Steinstrukturen in jedem Lebensraum den Artenreichtum.

TIPP **Wir lernen, wie so oft, von der Natur und versuchen, kleine felsige Standorte zu bauen. Je höher sie sich über tiefgründigen Boden erheben, desto weniger kann ihr niederer Bewuchs mit spezialisierten Pflanzen von Unkraut bedrängt werden. Deshalb sind große Blöcke besonders wertvoll und zusammen geworfene oder geschlichtete Steine besser als einzeln versetzte.**

Der herkömmliche Alpengarten, wo zwischen einsamen Steinbrocken alpine Polster- und Zwergstauden auf viel zu guter Erde in viel zu mildem Klima gegen den Ansturm hochwüchsiger Pflanzen verteidigt werden müssen, verlangt meist unverhältnismäßig viel Pflege. Ein echter Steingarten macht dagegen nach seiner Herstellung fast keine Arbeit mehr.

LEGSTEINMAUERN In geneigtem Gelände sind Legsteinmauern eine ideale Möglichkeit, ebene Terrassen zu schaffen, gleichzeitig das Kleinklima zu verbessern und zusätzliche Lebensräume zu haben. Ganze Kulturlandschaften, von den Wachauer Weinbergen bis zu südostasiatischen Reisterrassen belegen den ökologischen und ästhetischen Wert dieser seit vielen Jahrhunderten bewährten Technik. Gute Steinmaurer gibt es auch heute noch, allerdings findet man sie nicht gleich in jeder Baufirma.

Trockenmauer heißt die Bauweise auch, weil sie ohne Mörtel auskommt. Die trockene Verlegung ohne Bindemittel ist wesentlich, weil die nicht mit Beton gefüllten Lücken vielerlei Tieren eine Wohnung bieten. Trocken ist so eine Mauer auch als Lebensraum, weil Stein im Gegensatz zu porösem Erd-, Sand- oder Tonmaterial kaum Wasser speichert.

Sonne und Trockenheit

Die Kargheit dieses Standorts schließt Pflanzen mit durchschnittlichen Ansprüchen aus. Das ist ein Vorteil, denn fast alle Unkräuter gehören dazu. Kleine, konkurrenzschwache, aber an Trockenheit angepasste Pflanzen wachsen dafür ohne Pflegebedarf um so schöner. Die extremsten Wassersparer sind die Dickblattgewächse. Alle Arten von Hauswurz und Donarsbart, Mauerpfeffer und Fetthenne speichern in Regenperioden reichlich Wasser in ihren fleischigen Blättern. Von diesem Vorrat können sie auch in langen Trockenzeiten zehren, prachtvoll wachsen und blühen. Ihre Blütezeit fällt in die heißesten Monate.

Das Felsensteinkraut beschränkt seine Wachstumszeit auf den mit Winterfeuchte gesegneten Frühling und besitzt eine tief reichende, wasserspeichernde Pfahlwurzel. Die besonders ausgesetzte Mauerkante, hinter der aber wieder richtiger Boden beginnt, eignet sich für Feld-Thymian, Hain- und Muskateller-Salbei, Natternkopf, Königskerze, sowie Deutsche und Zwerg-Schwertlilie.

TROCKENBIOTOP Ein sonnenwarmer Sonderstandort kann als Trockenbiotop für Pflanzen und Tiere ebenso interessant sein wie Nassbiotope. Wenn sich nach kalten Nächten oder kühlen Wetterperioden unter den ersten Sonnenstrahlen das Leben wieder regt, schmiegen sich Schmetterlinge und Käfer, Wanzen oder Heuschrecken, sogar Libellen und andere an die sich rasch erwärmenden Steine. Die Löcher in der Trockenmauer werden manchmal auch von Sumpf- oder Tannenmeisen als Bruthöhle angenommen.

STEINE FÜR WÄRME UND SCHUTZ

Alle Kriechtiere lieben warme Steine und nutzen sie als Thermophor. Die Spalten dazwischen sind für ihre Sicherheit ebenso wichtig, da sie bei Gefahr blitzartig Deckung suchen und auch ruhen können. Unser häufigstes Reptil, die Blindschleiche, verbirgt sich gerne unter Laub oder schütterem Bewuchs. Falls die Zauneidechse noch aus der Umgebung einwandern kann, wird sie sich bei warmem Wetter besonders vormittags und abends auf unseren Steinen sonnen. Die Ringelnatter wird zwischen

TIPP **Kriechtiere führen ein ausgesprochen verborgenes Leben, bewegen sich geräuschlos und sind nur kurze Zeit aktiv. Selbst bei optimalen Wetterverhältnissen ruhen sie oft stundenlang regungslos auf ihrem Wärmeplatz. Dort bemerken wir sie aber nur, wenn wir uns ihnen sehr aufmerksam und vorsichtig nähern.**

So wie diese junge Zauneidechse brauchen bei uns alle Kriechtiere warme und höhlenreihe Plätze.

Schlingnatter, eine selten gewordene Sonnenanbeterin

REPTILIEN – EINE AUSZEICHNUNG FÜR DEN NATURGARTEN

Reptilien, besonders Schlangen, rufen bei manchen Menschen Ekel und Angst hervor. Diese Scheu entspringt einem angeborenen Instinkt, ist aber hier und heute unvernünftig. Denn außerhalb der Alpen gibt es in Mitteleuropa kaum noch Giftschlangen, und alle Kriechtiere sind in ihrem Bestand gefährdet. Wir haben Grund, sie zu achten und zu bewundern. Mit dieser vorurteilsfreien Einstellung werden wir uns an ihnen erfreuen. Ihre Anwesenheit ist eine Auszeichnung für jeden Naturgarten.

Der Grasfrosch bevorzugt im Sommer Winkel unter schattig gelegenen Steinen.

ihren Jagdausflügen am Weiher auch einmal den Steingarten als Sonnenplatz oder Schlupfwinkel benutzen. Die ebenfalls ungiftige Schlingnatter, die kleine Kriechtiere jagt, beobachten zu können, ist ein seltener Glücksfall.

Schatten und Feuchtigkeit

Im Schatten gelegene Steingärten sind selbstverständlich nicht trocken und warm, sondern besonders kühl und luftfeucht. Zu ihren Füßen gedeihen Schluchtwaldpflanzen wie der Waldgeißbart oder die Ausdauernde Mondviole. Als Spaltenbewohner bewähren sich besonders alle Arten des Streifenfarns. Von selber siedeln sich bald Flechtenkrusten und Moospolster an. Wo es nicht ganz dunkel ist, wächst aus den Ritzen das Zimbelkraut und verbreitet sich mit seinem blütendurchwirkten Gespinst über den Felsen.

TIERE IM SCHATTIGEN STEINGARTEN

Es gibt auch Tiere, die sich im schattigen Steingarten wohl fühlen und von seinem feuchtkühlen Klima profitieren. Manche Mücken und die großen, ungemein zartgliedrigen Schnaken vermeiden trockene Luft, verbringen die heißen Sonnenstunden hier oder legen ihre Eier in den Boden. Manche von ihnen gehen den Winkelspinnen ins Netz, die in den kleinen Nischen und Fugen wohnen.

Beide, Jäger und Beutetiere, sind wiederum Nahrung für Grasfrösche und Molche. Lurche meiden wegen ihrer dünnen, feuchten Haut längere Aufenthalte in heißer Sonne und sind, wenn sie an Land unterwegs sind, nachts oder bei feuchtem Wetter aktiv. Sie haben eine völlig andere Lebensweise als die sonnenhungrigen Kriechtiere. Die kühlen Steine im Schatten, die bei schwülem Wetter schwitzen, die Höhlen darunter und dunkles Laubwerk davor sind besonders für Grasfrösche bevorzugte Plätze. Stundenlang kann so ein Tier da sitzen, und niemand weiß, ob es ruht, ob es lauert oder ob es gar beides gleichzeitig tun kann.

Lebendiges Totholz

Toter Ast auf Apfelbaum – hier entsteht neues Leben.

Tote Bäume, dürre Äste waren in der Urlandschaft allgegenwärtig. Kein Wunder, dass unzählige Pilze und Niedere Tiere, Käfer, Hautflügler und ihre Parasiten, Vögel und Säugetiere sich auf die Nutzung dieses Elementes eingestellt haben und von ihm abhängig sind.

Viele Generationen lang haben die Menschen in totem, morschendem Holz nicht nur verschwendeten Rohstoff gesehen, sondern auch unnützen Abfall und hässlichen Schandfleck oder gar eine Brutstätte von Schädlingen. Keine andere Lebensstätte ist mit ihren Bewohnern so lange Zeit, so fanatisch und gründlich beseitigt worden. Zahlreiche das Totholz bewohnende Tiere stehen heute auf den Roten Listen gefährdeter Arten.

Zum Glück entsteht Totholz relativ leicht und schnell wieder, wenn wir es nur zulassen. Die Forstwirtschaft beginnt bereits umzudenken und lässt – sogar mit staatlicher Förderung – einige Baumveteranen ungeerntet als Biotopholz eines natürlichen Todes sterben. Höchste Zeit also für ein Umdenken auch im Garten.

Ein abgestorbener Ast, ein verdorrter Baum muss nicht gleich abgeschnitten und weggeräumt werden. Bei einem Edelobstbaum im Ertrag wird die Gesundheit des Baums seine Sanierung erfordern. In der Nähe von Gebäuden oder öffentlichen Wegen wollen wir die Gefahr durch stürzende Äste selbstverständlich ausschließen. In allen anderen Fällen warten wir jedoch erst einmal ab und beobachten.

Natürliche Entstehung von Totholz

Viele Jahre werden vergehen, in denen nur kleine Reisigstückchen abfallen, die kaum entfernt werden müssen. Während am Starkholz Buntspechte, Kleiber und verschiedene Meisen auf der Suche nach Käferlarven die Rinde abheben, künden erste Baumschwämme von der Anwesenheit Holz zersetzender Pilze. Es dauert Jahrzehnte, bis in einer stürmischen Regennacht größere Äste brechen und noch viel später die abgemorschten Wurzelstümpfe das gesamte Astgerippe und den verbliebenen Stamm zu Boden gehen lassen.

In dieser langen Zeit verändert sich nicht nur die Gestalt, sondern auch der Bewuchs mit Moos und Flechten, und die Besiedlung mit Tieren. Käferlarven fressen sich durchs Holz, in ihren verlassenen Gängen legen Wildbienen ihr kleines Brutnest an. Spechte arbeiten auf der Suche nach den Larven tiefe Höhlen ins Holz, daneben faulen Astlöcher aus. Darin haben Fledermäuse und Siebenschläfer ihre Wochenstuben, Stare, Kleiber und Meisen füttern da ihre Brut.

QUIRLIGES LEBEN IM TOTHOLZ

Das Leben am und im liegenden Torso des ehemaligen Baumes ist uns nun zugänglicher. Da baut auf der Sonnenseite ein Ameisenvolk sein Nest, der nackte Stamm erwärmt sich in der

TIPP Für jeden Standort ist Totholz gut. Als Krönung einer Legsteinmauer kann es genau so schön sein wie halb im Wasser liegend am Ufer des Teiches. Auch in einem kleinen Garten ist Platz für einen Baumstrunk aus dem Wald.

Morgensonne besonders schnell, so dass Insekten und Kriechtiere sich gerne an ihn schmiegen. Bockkäfer und Holzwespen bohren sich nach jahrelangem Larvenleben fertig entwickelt aus dem Holz, in der leeren Kammer bauen Solitärbienen die Wiege für ihre Nachkommenschaft.

Lichtscheue Nachtschmetterlinge verbringen den Tag auf der Schattenseite des Holzkörpers, an dem in Trockenzeiten Gehäuseschnecken in ihr Haus zurück gezogen daran kleben. Am Boden hat sich die Erdkröte ein geschütztes Tagesversteck gegraben und Laufkäfer haben sich unter den Stamm verkrochen.

Das Hornissennest wurde aus Holzspänen erbaut.

WAS TUN MIT ZERFALLENEN HOLZKÖRPERN? Nach vielen Jahren zerfällt auch der stärkste Stamm zu Mulm und Moder, der wiederum Lebensraum, zum Beispiel für Tausendfüßler und die Larven des Rosenkäfers ist. Es bleibt uns überlassen, ob wir auch das endgültige Aufgehen des zerfallenen Holzkörpers im Boden abwarten oder die Reste bereits früher unter Gehölz oder am Komposthaufen deponieren. Bei allem Naturverständnis soll der Garten ja auch für uns stets schön und praktisch sein.

Totholzstrukturen in der Gartengestaltung

Im Naturgarten beschleunigen wir die Entstehung von Totholzstrukturen, indem wir sie in die Gartengestaltung einbeziehen. Liegende Stämme, bizarr geformte starke Äste können zu einem geradezu künstlerischen Blickfang angeordnet werden. Als sich immer mehr belebende und verändernde Skulptur ist er im Gegensatz zum üblichen Nippes aus Plastik, Metall oder Keramik immer neu und interessant.

HOLZ FÜR VIELE ZWECKE Holz wird aber meist nicht als zweckfreier ästhetischer Aufputz, sondern für viele Zwecke verwendet. Aus dem vorher beschriebenen Material bauen geschickte Bastler auch Spielgeräte für Kinder zum Balancieren, Klettern und Verstecken oder Sitzbänke rund ums Lagerfeuer. Zäune kann man aus billigem Stangenholz bauen. Selbst Schnittholz für Pergolen oder Verschalungen sind wertvoll für die Tierwelt, soferne es nicht mit giftigen Mitteln imprägniert wird.

BELIEBTER LEBENSRAUM Wespen und Hornissen benagen angewittertes Holz und bereiten aus ihm den papierartigen Werkstoff für ihre kunstvollen Wabenbauten. Wir schätzen diese Tiere als Regulatoren möglicher Schädlinge, denn sie ziehen ihre Brut im Nest ausschließlich mit erbeuteten Insekten groß.

Baumstrunk – lebendig und schön

Mit der Zeit entstehen in jedem Holz Risse und Gänge von »Holzwürmern«, in denen neben Wildbienen zum Beispiel eine Pillenwespe ihre Brut mit gelähmten Larven von Rüsselkäfern versorgt. Nach ihrem Nest suchen später die schönen Goldwespen, deren Larven sich nur dort als Parasit entwickeln können.

Natürliche Verwitterung und ihre Vorteile für die Tierwelt

Die Imprägnierung mit Pilze und Insekten tötenden Mitteln kann die natürliche Verwitterung von Holz nur verzögern, aber nicht aufhalten, selbst wenn regelmäßig nachgestrichen wird. Denn die Zerstörung durch Pilze setzt immer dort an, wo Wasser eindringt, aber lange nicht abtrocknen kann. An diese unzugänglichen Stellen gelangt ein Holzschutzmittel kaum hin. Hinterlüftete Verschalungen, luftige Verankerungen in Fundamenten und andere Methoden des konstruktiven Holzschutzes sind zielführender. Wir verwenden entweder billiges bäuerliches Material, etwa geschälte Fichtenstangen, oder wetterbeständige Holzarten wie Lärche, Eiche und Robinie. Bei Ersteren ist das arbeits- und geldaufwändige Imprägnieren nicht wirtschaftlich, bei letzteren ist es unnötig.

In beiden Fällen bewahren wir die rundum sympathische, gesunde, umweltfreundliche Qualität des Werkstoffs Holz. Seine natürlichen Verwitterungsfarben – silbernes Grau im Schatten, warmes Braun in der Sonne – sind im Außenbereich auch seine edelsten Oberflächenvergütungen. Und wenn es einmal einer Erneuerung weicht, ist es immer noch schadstofffreies Brennmaterial.

HOLZ LANGE LAGERN Selbst wenn Holz zum Verheizen bestimmt ist, wie es zum Beispiel beim Auslichten des Gartens, bei Schneebruch und Ähnlichem anfällt, leistet es vorher noch manchen ökologischen Dienst. Da lagert oder lehnt es zum Trocknen üblicherweise zwei Jahre im Freien an einem sonnigen Ort. Wenn wir ihm noch mehr Zeit geben, beginnt es dort, wo es den Boden berührt, allmählich morsch zu werden. Die Rinde löst sich stellenweise vom Holz, der Spalt dazwischen füllt sich mit dunklem Mulm.

GEMÜTLICHES WINTERQUARTIER Für etliche Laufkäfer ist das ein ideales Winterquartier. Diese zwei bis drei Zentimeter langen, meist prächtig gefärbten Käfer fliegen nicht, bewegen sich aber mit ihren langen Beinen recht schnell. Schnecken sind ihre Lieblingsnahrung, und wir sollten bei Schneckenproblemen alles tun, um sie im Garten zu verwöhnen. Da ist die Bereitstellung von totem Starkholz eins der wichtigsten Dinge. Da die lichtscheuen, nachtaktiven Schneckenjäger sich tagsüber in dunkle Spalten zurückziehen müssen, brauchen sie Laubstreu, am Boden liegende Bretter, lose Steine oder Hölzer.

TOTHOLZ STATT SCHNECKENGIFT Solches Strukturmaterial an der Bodenoberfläche ist gleichzeitig Wohnraum für andere Schneckenfeinde. Die Larven von Weich-, Johannis- oder Leuchtkäfern (»Glühwürmchen«) finden da ebenso passende Bedingungen wie Kröten, Blindschleichen und Eidechsen, Spitzmäuse und Igel.

Diese Alternative zur chemischen Schneckenbekämpfung funktioniert nicht von heute auf morgen, dafür nachhaltig und gleichsam von selbst. Und sie zeigt uns einmal mehr, dass alles Lebendige komplexer ist, als unser allzu gerne zur Vereinfachung neigendes Denken.

Das köstliche Nass

Wasser fasziniert uns durch seine Transparenz und seine spiegelnde Oberfläche, seine Klarheit, Beweglichkeit und kühlende Wirkung. Es macht einen lebendigen Eindruck und ist tatsächlich von vielfältigem Leben erfüllt und besiedelt. In jedem Garten ist Wasser in den verschiedensten Formen ein besonderer Anziehungspunkt, ein Ort, an dem auch die herrlichste Ruhe erlebbar wird.

Der Gartenteich

Auch der kleinste Gartenteich ist besser als gar keiner.

Der Bau von Gartenteichen ist durch die Entwicklung geeigneter Kunststoff-Folien wesentlich einfacher geworden, wenngleich einzelne Teichbauer auf Beton schwören. Natürlicher wäre immer eine Anlage im Grundwasser oder in einer undurchlässigen Lehmschicht, aber solche Möglichkeiten sind seltene Ausnahmen. Grundwasser kann bei Nährstoffbelastung problematisch sein. Die Verwendung künstlicher Werkstoffe ist im naturnahen Garten für besondere Zwecke ebenso legitim wie der maßvolle Gebrauch von Maschinen zum Sägen, Baggern oder Transportieren. Die Errichtung eines Gewässers ist nun einmal mit mehr Aufwand verbunden als andere Lebensraumverbesserungen. Springbrunnen, Wasserfälle und Filteranlagen, Beleuchtungen und anderes technisches Spielzeug dienen allerdings nicht dem Lebensraum, sondern eher dem Umsatz des Anlagenbauers.

Naturnahe Weiher

RÖHRICHTZONEN ✿ Naturnah ist jeder Weiher, an dessen flachen Ufern Sumpfpflanzen eine Röhrichtzone bilden. Seichte Randbereiche mit Kies oder magerer Erde als Substrat sind deshalb eine Grundvoraussetzung für ein gelungenes Nassbiotop. Zur Vermeidung von zu starken Wasserverlusten durch Saugwurzeln von außerhalb stehenden Pflanzen sollte eine wirksame Barriere, etwa als kleiner Betonwall um den Folienrand, Wasser und Land trennen.

GRÜNER GÜRTEL RUND UMS WASSER ✿ Fieberklee und kleinere Seggen, Sumpf- und Sibirische Schwertlilie, Trollblume und Kuckucksnelke, Rohr- und Igelkolben, Gilb- und Blutweiderich werden mit anderen Feuchtpflanzen unserer Heimat so schnell zu einem blühenden, grünen Gürtel zusammenwachsen, dass von der Folie bald kaum mehr etwas zu sehen ist.

SCHWIMMBLATTZONE ✿ Wasserseitig schließt an das Röhricht die Schwimmblattzone an, wo See- und Teichrose Platz finden. Von der Seerose als populärster Wasserblume gibt es zahlreiche Züchtungen. Auch hier gilt die Regel, dass sich heimische Wildpflanzen am besten bewähren. Die wilde Weiße Seerose ist robust und vermehrungsfreudig. Von Juni bis September öffnen sich über der Oberfläche ihre unvergleichlichen Blüten. Die halb untergetaucht wachsende Krebsschere leitet über zu Laichkräutern und anderen Unterwasserpflanzen.

ALGEN ✿ Ein paar grüne Algenwatten werden wahrscheinlich in den ersten Jahren und im Frühling im Wasser wachsen und wieder verschwinden. Wenn sie uns stören, können wir sie heraus fischen. Eine Trübung durch schwebende Mikroalgen bei der ersten Erwärmung im April ist ebenfalls kein Grund zur Besorgnis. Kleinkrebse und andere Organismen fressen sie in kurzer Zeit auf. Als grüne Gewächse produzieren auch sie Sauerstoff und entziehen dem Wasser Nährstoffe.

Mosaikjungfern auf Krebsscheren

Wasserliebhaber

VERWANDLUNGSKÜNSTLER LIBELLEN
Libellenlarven besitzen Kiemen im Enddarm, der beim Flüchten durch schnelles Auspressen des Atemwassers als Raketenantrieb verwendet wird. Ihr zangenförmiges Mundwerkzeug befindet sich als »Fangmaske« an einem blitzschnell ausfahrbaren Gelenk. Libellen kennen keine Puppenruhe, sondern häuten sich direkt aus der herangewachsenen Larve über der Oberfläche. Die geschlüpfte Libelle braucht nur wenige Stunden, um ihre Körperlänge zu verdoppeln, die Flügel zu entfalten und aushärten zu lassen. Ihre leuchtende Färbung stellt sich allerdings erst später ein. Die Verwandlung dieser großen Insekten ist ein faszinierendes Schauspiel, dem wir auch am kleinsten Weiher zuschauen können.

Plattbauchlibelle

Auf kleine Gliederfüßler wie Kleinkrebse lauern Larven von Libellen und Schwimmkäfern, die bald Einzug halten werden. Die gewandten Flieger entdecken und besiedeln ein neues Gewässer auch über weite Distanzen erstaunlich schnell.

GELBRANDKÄFER Während Libellen Jahre brauchen, bis sie herangewachsen sind, entwickeln sich die Gelbrandkäfer innerhalb weniger Wochen, vergleichbar den Kaulquappen, die ihre Hauptnahrung sind. Eine mit Hohlnadeln ausgerüstete Kieferzange ermöglicht ihnen eine rasche Außenverdauung, ähnlich wie bei den Spinnen, und damit einen ungeheuren Appetit. Zum Atmen holen sie mit dem hinteren Körperende an der Oberfläche Luft. Zum Verpuppen kriechen sie im Sommer ans Ufer, graben sich ein und schlüpfen bald als fertige Käfer.

LIBELLEN Königslibelle, Mosaikjungfer oder Plattbauch sind als Großlibellen ungemein rasante Flieger, die weit über das Gewässer hinaus umherschwirren oder im Rüttelflug an einer Stelle verharren. Die gemächlich fliegenden Kleinlibellen verlassen dagegen den Gewässerbereich nur selten und lassen sich, auf Wasserpflanzen sitzend oder zwischen ihnen schwebend, wunderbar beobachten.

RAUBINSEKTEN SCHÜTZEN VOR MÜCKENPLAGEN An der Oberfläche jagen Wasserläufer und Rückenschwimmer nach

Mückenlarven und abgestürzten Fluginsekten. Andere Wasserwanzen suchen ihre Beute unter Wasser. Alle diese Tiere bewahren uns vor Stechmückenplagen. Diese entstehen, außer in Auen nach Hochwasser, auch in unbepflanzten Wasserbehältern, denn dort leben keine wasserbewohnenden Raubinsekten.

FRÖSCHE UND KRÖTEN In den ersten milden Frühlingstagen halten die Erdkröten, Gras- und Springfrösche im Teich Hochzeit. Nur wenige Männchen erobern den begehrten Platz auf dem Rücken eines deutlich größeren Weibchens, wo sie oft wochenlang Huckepack mitgetragen werden, sozusagen als Spermienproviant für die heranreifenden Eier. Tausende davon werden von jedem Weibchen im flachen Wasser ausgestoßen – als schwimmende Laichklumpen von den Froschweibchen, als zwischen Pflanzen ausgespannte Laichschnüre von den weiblichen Kröten. Für Teich-, Kamm- und Bergmolche ist der Laich eine eiweißreiche Nahrung, und sie kommen ihrerseits bald in Paarungsstimmung.

VOM WASSER AUFS LAND Die Kaulquappen, die bald aus den schwarzen Eiern entstehen, befreien sich aus der schützenden Gallerthülle, bevölkern zu Tausenden das Gewässer und ernähren sich recht anspruchslos von Algen und faulenden Pflanzenteilen. Während sie wachsen und allmählich zarte Hinterbeinchen und zuletzt auch Vorderbeine bekommen – wobei gleichzeitig ihr Ruderschwanz immer kürzer wird – nimmt ihre Zahl mehr und mehr ab.

Jene Frosch- und Krötenjungen, die überleben und die Verwandlung zum lungenatmenden Lurch schaffen, verlassen bereits im Juni ihre Kinderstube und gehen an Land. Sie wechseln dabei nicht nur ihre Gestalt, Bewegungsweise und Umgebung, sondern auch die Art ihres Nahrungserwerbs. Von nun an sind sie spezialisierte Jäger.

RINGELNATTERN Neben den beschriebenen Insekten jagen auch Ringelnattern die Kaulquappen unter Wasser. Mit unglaublich eleganten Schlängelbewegungen schwimmen und tauchen diese wendigen Reptilien. Viel mehr Zeit verbringen sie aber ruhend und liegen bei geeignetem Wetter stundenlang auf einem warmen, geschützten Platz, der ihnen die Möglichkeit zu einer raschen, geräuschlosen Flucht bietet. Schlangen legen ihre Eier in Ansammlungen von organischem Material, dessen Verrottungswärme als Brutschrank wirkt. Dazu wäre es gut, aus dem Teich entfernte Pflanzen und anderes Kraut und Reisig in der Nähe zu deponieren und in Ruhe zu lassen.

Die Umarmung der Grasfrösche

Die Ringelnatter hält lange Ruhepausen.

Beim Rufen bläst der Laubfroschmann Kehlsack und Leib zu einem Resonanzkörper auf.

FROSCHKONZERT

Die grünen Frösche – wegen ihrer lauten Stimme geliebt bis gefürchtet – melden sich erst später im Frühling. Laub- und Teichfrösche leben bei uns nur in tiefen Lagen bis 500 m Seehöhe und auch dort längst nicht überall. Wenn es ihnen aber im Garten gefällt, sind die treuen Tiere kaum zu vertreiben. Dies sei für den Fall gesagt, dass sich jemand durch ihre nächtlichen Urlaute gestört fühlen sollte.

Verwachsener kleiner Weiher

Gelbbauchunke beim Sonnenbad am Ufer

GRÜNFRÖSCHE Teichfrösche verlassen das Wasser meist nur zum Sonnenbaden am Ufer. Die Laubfrösche klettern hingegen in Büsche und jagen da in luftiger Höhe nach Kerbtieren. Saugnäpfe an ihren Zehenspitzen und ihre Kleinheit erlauben ihnen, auf jedem Blatt, das sie anspringen, sicher zu landen. Sie entwickeln sich während des Sommers im Teich.

MOLCHE Zur selben Jahreszeit beobachten wir die Molchlarven. An ihrer fischähnlichen Stromlinienform, den Kiemenbüscheln hinter dem Kopf und den vier, von Anfang an vorhandenen Beinen, sind sie leicht als Schwanzlurche im Jugendstadium zu erkennen.

UNKEN Die Unken dehnen ihre Balzzeit auf den ganzen Sommer aus, legen dafür aber immer nur ein paar Eier. Sie bevorzugen warme, kleine Gewässer und lassen dort ihre einsilbigen Rufe ertönen. Selbst Pfützen, die nur zeitweise Wasser führen, können sie so besiedeln und nutzen. Deren großer Vorzug ist, dass dort die wenigsten Feinde ihrer Brut nachstellen.

Lebenswelt Gewässer

Wir sehen, dass auch kleinste Gewässer ihre eigene Lebenswelt beherbergen. Jeder Teich entwickelt sich als Lebensgemeinschaft etwas anders, und jede Lebensgemeinschaft ändert sich im Lauf der Jahre.

Ein großer Lebensraum enthält im Allgemeinen mehr Arten als ein kleiner. Bei Weihern ist noch dazu der natürliche Vorgang der Verlandung zu beachten. Sie wachsen zu. Durch Eintrag von Falllaub und die Vermehrung konkurrenzstarker Wasserpflanzen wird die freie Wasserfläche kleiner und verschwindet schließlich. Bei hundert Quadratmetern Fläche dauert das viele Jahrzehnte, bei fünf Quadratmetern vielleicht zwei Jahre. Dann müssen wir einen Teil der Pflanzen samt Wurzeln und Schlamm bereits ausräumen. Auch im Wassergarten kämpfen wir mit der Sukzession. Eine große Anlage hingegen benötigt über lange Zeit nur wenige Eingriffe.

Das Röhricht wird erst zum Ende des Winters abgeschnitten. Vorher ist es ein Schmuck des Teiches, besonders wenn Schneeflocken oder Reifnadeln darauf glänzen. Es ist aber auch für Tiere wichtig. Denn tausende Halme erwärmen sich bei der geringsten Sonnenstrahlung und bilden in der Eisdecke kleine Schmelzwasserbrücken, über die Faulgas entweichen und Sauerstoff ins Wasser gelangen kann. Das kann in längeren Frostperioden für im Teich überwinternde Tiere lebensentscheidend sein.

Natur-schwimmteiche

Natur erleben und genießen mit allen Sinnen

Das allerschönste Nassbiotop ist jenes, in das wir selber eintauchen können. Nach einer Anfang der Achtzigerjahre entstandenen Idee hat der Naturschwimmteich mittlerweile tausende begeisterte Besitzer gefunden. Eine Betonmauer, Holzwand oder Schwelle aus Sandsäcken bildet dabei unter der Oberfläche eine Barriere. Die hindert Pflanzen und Badende am Eindringen in den jeweils anderen Bereich.

NATÜRLICH GEREINIGTES WASSER

Die Vegetation ist nicht nur Zierde und Lebensraum, sondern gleichzeitig die beste Aufbereitungsanlage. Statt Algen und andere Keime gegen eine Chlorbelastung einzutauschen, wie dies bei konventionellen Pools der Fall ist, entziehen im Naturbadeteich die Pflanzen dem Wasser überschüssige Nährstoffe und somit den Algen die Lebensgrundlage. So reinigen sie das Badewasser elegant und kostenlos. Wer Qualität nicht nur nach dem technischen Aufwand und dem äußeren Schein beurteilt, sondern auch der Wahrnehmung von Gerüchen und Empfindungen auf der Haut vertraut, wird dieses auf natürliche Weise gereinigte Wasser eindeutig bevorzugen.

Die Blütenpracht des Wassergartens, durch den wir schwimmen, die zarte Weichheit des köstlichen Wassers, das unsere Haut liebkost, der Lebensraum, in dem wir schweben, lässt uns mehr als anderswo das Glück empfinden, welches aus dem vertrauten Umgang mit der Natur erwächst.

Eine Mauer trennt unter Wasser Natur- und Badebereich.

Nützlingshotel und Fütterung

Wohnung und Nahrung sind für Menschen und Tiere gleichermaßen Grundbedingungen ihres Daseins. Wie wir diese Ansprüche für möglichst viele Tiere und Tiergruppen im Garten erfüllen können, wurde bereits beschrieben. Die Entwicklung von Lebensgemeinschaften und Strukturen an Standorten, die wir gestaltet haben, vollzieht sich aber oft sehr langsam. Da dürfen wir ein wenig nachhelfen.

Nisthilfen

Nützlingshotel

Lebensstätten und Lebewesen wachsen allmählich zu kleinen Ökosystemen zusammen, die der gärtnernde Mensch eher indirekt und behutsam lenkt.

Diese natürliche Selbstorganisation braucht aber manchmal recht viel Zeit. Bis zum Beispiel ein starker Ast abstirbt, von minierenden Käferlarven bewohnt und nach mehrjähriger Entwicklung verlassen wird, bis Wildbienen deren Löcher nutzen können, bis Spechte bei der Suche nach Insekten Höhlen ins Holz hacken oder die Fäulnis solche entstehen lässt, ziehen viele Jahre durchs Land. Wenn im Garten gar kein alter Baum steht, müssen wir eine Menschengeneration länger warten. Nicht nur menschliche Ungeduld, sondern auch der Artenschutz verlangt, in der Zwischenzeit das fehlende Höhlenangebot durch künstliche Nisthilfen zu ersetzen. Vogel-, Fledermaus- und Insektenquartiere sind bei Fachhändlern und Naturschutzvereinen erhältlich, aber auch leicht selbst herzustellen.

TIPP An einem warmen Ort zieht dieses Angebot von Kleinhöhlen im Frühling und Sommer manchmal Scharen von Wildbienen an, die da emsig eintragen und bauen. Später verraten mit Lehm versiegelte Löcher, wie hoch der Bedarf ist, beziehungsweise wie groß die Wohnungsnot ohne unsere Hilfe wäre.

Nützlingshotels

Besonders liebevoll gebaute Wohnungen für Hautflügler werden als Nützlingshotel bezeichnet. Wir können diesen etwas scherzhaften Begriff auf alle Unterkünfte, die wir für Tiere basteln oder kaufen, ausdehnen.

INSEKTENQUARTIERE Alles, was noch so kleine Hohlräume hat, eignet sich als Bauelement: Weich- und Hartholz mit 5 bis 10 cm tiefen Bohrungen zwischen 2 und 10 mm Durchmesser, Holunderastholz mit und ohne Mark, quer durchgeschnittene Bündel von Himbeerruten, Stroh, Schilf und anderen hohlen Stängeln, sowie Lehm mit einigen Löchern. Diese Materialien lassen sich in hübschen Anordnungen in einen schützenden Holzkasten beliebiger Größe einbauen.

BLUMENTÖPFE In Bäumen oder Rosensträuchern kopfunter aufgehängte Blumentöpfe, in denen wir Heu, Stroh oder Holzwolle befestigen, werden von Ohrwürmern und anderen Blattlausjägern als Tagesquartier angenommen. Große Blumentöpfe mit der gleichen Ausstattung, im Erdboden eingegraben, so dass ihr Abflussloch oben als Eingang dient, wird vielleicht einen Sommer lang von einem Volk von Erdhummeln oder Deutschen Wespen besiedelt.

HÖHLEN AUS STEIN UND HOLZ ❧ Für den Igel können wir eine trockene Höhle aus Steinplatten oder Brettern bauen und mit Ästen, Reisig und Laub bedecken. Ein Haufen oder ein Mäuerchen aus größeren Steinen ist mit seinen Hohlräumen eine für Eidechsen und andere Tiere geeignete Wohnung.

NISTKÄSTEN ❧ Nistkästen für Star und Kleiber, Blau-, Kohl- und Sumpfmeise sind wohl die ältesten Wohnungen, welche Menschen für Wildtiere bauen. Bis zum Beginn der Neuzeit wurden sie zwar als Falle zur Bekämpfung oder zur Nahrungsgewinnung gebraucht. Seit Jahrhunderten aber schätzt man Singvögel als Schädlingsvertilger in Gärten, weiß gleichzeitig vom Mangel an Wohnungen für Höhlenbrüter, und gleicht diesen durch künstliche Höhlen aus.

Diese Nisthilfen sind aus Brettern oder hohlen Stammstücken, die mit Boden und Dach versehen werden, leicht zu fertigen. Groß genug sollen sie sein, sodass Katzenpfoten das Nest nicht erreichen. Sie sollen sich auch öffnen lassen, damit die mit Parasiten verseuchten Füllungen im Spätherbst geräumt werden können. Im Winter werden sie von Vögeln auch als Schlafraum benutzt.

Einfache Insekten-quartiere

DACHVORSPRÜNGE UND EINFLUGMÖGLICHKEITEN ❧ Nischenbrüter, beispielsweise Hausrotschwanz, Bachstelze oder Grauschnäpper locken wir mit unter Dachvorsprüngen angebrachten Halbhöhlen. Dort wäre auch ein guter Platz für Fledermauskästen. Wer an Tiere denkt, belässt an Schuppen und Scheunen Einflugmöglichkeiten unter dem Dach. Denn die Versiegelung von Gebäuden, Türmen und Kellern durch einen irrationalen Perfektionismus hat vor allem viele Fledermausarten, den Mauersegler und die Schleiereule auf die Rote Liste gebracht.

VERÄSTELUNGEN ❧ Sogar die Bildung geeigneter Verästelungen zum Nestbau für frei brütende Vogelarten können wir fördern, indem wir in Sträuchern einen Schößling durch Rückschnitt zur Bildung eines Astquirls anregen und dann beobachten, ob nach ein paar Jahren auf diesem Fundament ein Paar von Amseln, Finken oder Grasmücken seine Familie gründet. Allgemein fördern wir durch Einkürzen von Ästen dichteren Wuchs für gleichzeitigen Vogel- und Sichtschutz.

STREUSCHICHTEN AUS LAUB UND REISIG ❧ Für die am Boden brütenden Rotkehlchen und Laubsänger bietet eine ausreichende Streuschicht mit Laub und Reisig unter Kräutern und Hecken genügend Möglichkeiten.

Der Übergang von Materialien für Nützlingshotels zu den im Naturgarten selbstverständlichen Elementen ist fließend. Die Beschäftigung mit den Bedürfnissen bestimmter Tiere hat großen erzieherischen Wert, für Erwachsene ebenso wie für Kinder. Fast jede Tierart, in deren Lebensgewohnheiten und -bedürfnisse wir uns hineindenken, führt uns schließlich dazu, einen Naturgarten anzulegen.

Nahrungsangebot

Amseln sind für Obst dankbar.

Das Um und Auf: Richtig füttern und versorgen

Neben geeigneten Wohnmöglichkeiten ist leckeres Futter ein Mittel, um Tieren ihren Einzug in den Garten schmackhaft zu machen. Nüsse und Obst, Getreidekörner und Flocken, faschiertes Fleisch, Fett und auch Honig können wir versuchshalber am Boden und auf erhöhten Stellen auslegen und beobachten, wer zu Besuch kommt. Ein Freund von mir verwöhnt einen Steinmarder im Schuppen mit Schokolade, es eröffnet sich für uns hier ein weites Feld für Experimente. Von gesalzenen Speiseresten und Milch ist jedoch dringend abzuraten, weil diese zum Beispiel dem Igel schwer schaden können.

Ob in der Nacht ein Siebenschläfer oder eine Waldmaus, eine Katze oder ein Igel vom Futter genommen hat, lässt sich am Morgen schwer feststellen. Bei Tag werden Vögel und Insekten beim Futterplatz zu belauschen sein, aber insgesamt wird in der warmen Jahreszeit meist kein allzu großer Andrang sein, denn es gibt dann ohnehin genug Futter.

KEINE DAUERFÜTTERUNG Aus diesem Grund sollte eine systematische Dauerfütterung unterbleiben, denn sie hat mit Tier- und Naturschutz, Ökologie und Naturgarten nichts zu tun. Hingegen richtet die Winterfütterung von Vögeln zumindest keinen Schaden an, wenn wir sie auf die Frost- und Schneeperiode

SPEISEPLAN FÜR VÖGEL IM GARTEN
Zur Verminderung der Konkurrenz legen wir, statt einer großen, besser mehrere kleine Futterstellen an, entweder hängend, auf Tischen oder am Boden. Dort bieten wir für die gewandten Meisen, sowie Kleiber und Buntspecht ölhaltige Samen und Fett an; unvermischte Sonnenblumensamen für Kernbeißer, Gimpel und Zeisig, Grünling, Buch- und Bergfink; Haferflocken und kleine Sämereien für Rotkehlchen und Heckenbraunelle, Goldammer, Haus- und Feldsperling; Getreide für Eichelhäher und Elster; zerschnittene Äpfel und getrocknete Beeren für Amsel, Sing- und Wacholderdrossel.

Für den Igel ist Katzenfutter im Gegensatz zu Milch ideal.

beschränken, dann aber regelmäßig betreuen. Oft kann sie Vögeln wirklich helfen, durch den Winter zu kommen. Sie lockt Scharen von gefiederten Gästen in den winterlichen Garten.

Das muntere Treiben an solchen Futterplätzen wird nach der Schneeschmelze immer spärlicher, auch wenn wir unvermindert Futter streuen. Das sollten wir aber gar nicht, denn davon verführte Vogeleltern könnten damit ihre Kinder umbringen, weil sie das Sammeln artgerechter Insektennahrung vernachlässigen.

Mit dem Ende des Winters lösen sich bei fast allen Arten die Schwärme auf, es bilden sich Paare, die ihre Reviere gegen Artgenossen verteidigen. Lediglich die Haussperlinge brüten gerne in Kolonien. Wie viele Arten im Garten bleiben, hängt hauptsächlich vom Vorhandensein jeweils artspezifischer Nahrung und Wohnung ab, von seiner Strukturausstattung, sowie der Größe und Umgebung.

NATÜRLICHE ENTWICKLUNG FÖRDERN Bei allem Künstlichen, das wir für Tiere bereitstellen, ist uns bewusst, dass ausgelegtes Futter oder vorgefertigte Unterkünfte nur Ersatz sind für Dinge, welche in naturnahen Lebensräumen ohne unsere Absicht entstehen. So weit es möglich ist, fördern wir natürliche Entwicklungen. Wenn wir zum Beispiel in einer bäuerlichen Umgebung für Rauch- und Mehlschwalben Kunstnester montieren, legen wir gleichzeitig eine künstliche Lehmpfütze an, um den eigenen Nestbau zu ermöglichen. Die noch naturnähere Stufe, unbefestigte Wege und Höfe mit lehmigen Pfützen, wird wohl kaum zu realisieren sein.

So lehren uns auch die beschriebenen kleinen Hilfen für kleine Lebewesen Bescheidenheit. Die Tiere sind nur dort von uns abhängig, wo wir sie aus der Kulturlandschaft vertrieben haben. Deren Umwandlung in einförmige Produktions- und Wohnlandschaften, Freizeit- und Verkehrsstrukturen hat ihnen – und uns – die Heimat genommen. Im Garten haben wir die Möglichkeit, wenigstens einen kleinen Teil davon zu bewahren oder wiederherzustellen.

FREUDE AM BEOBACHTEN

Wirklich notwendig ist auch eine Winterfütterung selten. Sie dient weniger dem Überleben der Vögel als unserer Freude am Beobachten von der warmen Stube aus, und am Kennenlernen einiger Dutzend Vogelarten aus Garten und Wald oder, wie bei den Wintergästen Bergfink und Seidenschwanz, aus dem hohen Norden.

Auch die Waldmaus freut sich über Futter.

Blaumeise

Mensch und Tier

Menschen suchen von Natur aus die Gesellschaft von Pflanzen und Tieren. Selbst wer naturfern aufgewachsen, vom zivilisatorischen Machbarkeitswahn angekränkelt oder vom Konsumrausch verführt ist, kann die heilende Kraft von Naturberührungen erfahren. Egal ob wir Natur als selbstorganisiert oder göttlich inspiriert verstehen: Auf jeden Fall ist sie alles, was nicht von Menschen erdacht und gemacht ist. Sie ist viel größer, komplexer - und letztlich geheimnisvoll. Natur sind wir selber. Sie ist in uns, und wir sind in ihr.

Begegnungen mit Tieren

Garten: Lebensraum für Mensch und Tier

Der Mensch als Teil der Natur

Der Mensch ist selbst Teil der Natur. Indem er Respekt gegenüber seinen Mitgeschöpfen empfindet, wird er seiner Position und Verantwortung gerecht. Diese, über lange Zeit scheinbar verschütteten Gedanken werden seit dem letzten Viertel des zwanzigsten Jahrhunderts von der Ökologiebewegung neu belebt, und einer rein am Geldprofit orientierten linearen Produktion, vom Rohstoff bis hin zum Abfall, als sozial und ökologisch zukunftsfähige Alternative gegenüber gestellt.

GANZHEITLICHE ZUSAMMENHÄNGE Das Wirtschaften im Stoffkreislauf und mit erneuerbarer Energie, das Denken in ganzheitlichen Zusammenhängen, die achtungsvolle Aufmerksamkeit gegenüber anderen Lebewesen, dies alles wird bei jeder organischen Landbewirtschaftung gelernt und geübt. Dabei betreibt die ökologische Landwirtschaft und der Biogarten Humusaufbau durch organische Düngung und Fruchtwechsel. In der Permakultur wächst Nahrung für Menschen im Schutz einer vielfältigen Lebensgemeinschaft. Der Naturgarten schließlich dient mit seiner artenreichen Pflanzen- und Tierwelt dem Bedürfnis des Menschen nach Schönheit und Erholung ebenso wie dem Naturschutz. Die Methoden widersprechen einander nicht, sind aber verschiedene Wege zum gleichen Ziel, und jede kann die andere ergänzen.

Ein Garten kann die große Welt nicht ersetzen, er ist eher durch seine Einfriedung vor ihr geschützt. Aber er ist unser erweiterter Wohnraum, unser Revier, unsere kleine Welt, die wir gestalten und für die wir als Einzelner oder als Familie verantwortlich sind.

VIELFÄLTIGE NATUR Mit etwas Naturverständnis und schöpferischer Phantasie werden seine Elemente zu einem Ökosystem zusammenwachsen. In diesem Beziehungsgefüge gedeiht auf der mineralischen Masse des Bodens die Biomasse, von der das Gewicht der Tiere nur einen Bruchteil von jenem der Pflanzen ausmacht. Bei der Vielfalt ist es umgekehrt, die ist bei den Tieren höher als bei der Flora. Ein Zoologe muss schon sehr gut sein, wenn er in einem Naturgarten alle Tierarten finden und benennen kann.

Tiere bewusst erleben

Dieser Formenreichtum, sowie die Beweglichkeit der meisten Tiere, erregen unsere Aufmerksamkeit, ihre oft verborgene Lebensweise unsere Neugier. Anders als Pflanzen oder auch

Heimtiere lassen sie sich zu nichts zwingen. Ihre Anwesenheit ist freiwillig und weist uns darauf hin, dass es ihnen im Garten gefällt. Ein menschlicher Besucher kann auch kein schöneres Lob aussprechen.

MITARBEITER UND MITNUTZER Unsere eigenen Ansprüche brauchen wir bei aller Tierliebe nicht zurück zu nehmen. Zum Daseinszweck jedes Gartens, seine Menschen mit Nahrung zu versorgen und vom Frühjahr bis zum Herbst ein wachstumsstrotzender grüner Wohn- und Erholungsraum zu sein, kommen im naturnahen Garten unzählige Begegnungen mit heimischen Pflanzen und Tieren. Das begrenzte Zulassen natürlicher Entwicklungen und halbwilder Zustände spart nicht nur unnötige Arbeit, sondern erzeugt auch das Gefühl, in einem kleinen Paradies zu sein. Mit geistiger und körperlicher Arbeit, die wir einbringen, mit Ernte und Erholung, Gesundheit und Anregung, die wir aus ihm gewinnen, sind wir selber Teil des Gartens. Seine Tiere sind als Mitbewohner integriert, als Mitarbeiter und Mitnutzer.

FREMDES KENNEN LERNEN Für manche Menschen sind Tiere allerdings unheimlich. Diese Angst vor dem Fremden, einem wirklichkeitsfernen Reinlichkeitskult entsprungen, wird oft schon im Kleinkindalter von unverständigen Eltern auf die nächste Generation übertragen und ist das größte Hindernis für mehr Natur in den Gärten. Da kann nicht genug aufgeklärt werden, um Vorurteile abzubauen. Fliegen, die auf Blumen sitzen, sind nicht lästig. Wespen, die sich nicht bedroht fühlen, stechen nicht. Lurche und Schlangen, denen wir uns vorsichtig nähern und in die

TIPP **Zum Glück werden viele Tiere spontan als sympathisch empfunden und in beinahe jedem Garten gerne gesehen. Als Einstieg genügt es zunächst, für die drolligen Igel, für die kecken Kleinvögel mit den schönen Stimmen und für die bunt flatternden Tagfalter den Garten einladend zu gestalten. Wer ihre Lebensbedingungen und ihr Verhalten studiert, erfährt einiges über die Zusammenhänge im Naturhaushalt, wird seine Aufmerksamkeit auch anderen Lebewesen schenken und Ängste ihnen gegenüber abbauen.**

Begegnung mit einer Erdkröte

Augen blicken, sind nicht ekelig. Selbst Insekten, die in gefährlicher Anzahl an einem Blatt fressen, sind nur ein Zeichen für zu wenige Insektenjäger. Das respektvolle Kennenlernen des Fremden erfordert freilich mehr Mut und Lernbereitschaft als seine Vernichtung.

AUSDRUCKSVERMÖGEN VON TIEREN

Tiere kommen uns auch dadurch entgegen, dass wir in ihnen manchmal verwandte Gefühle entdecken können. Ihr Denkvermögen ist zwar nicht so entwickelt wie beim Menschen. In manchen Sinnes- und Körperleistungen sind uns viele Tiere hingegen überlegen. Einfache Empfindungen wie Lust und Schmerz haben aber wahrscheinlich alle ähnlich wie wir. Höhere Warmblüter lassen auch differenziertere Gefühle erkennen. Sonst würden sie nicht tun, was sie tun.

Ein Schmetterling, der auf einer Blüte genießerisch die Flügel in die Morgensonne breitet; eine Unke, die im lauen Wasser wohlig alle Viere von sich streckt; ein Bockkäfer, der sich am Duft und Blütenstaub einer Blume

WUNDERBARE BEGLEITER

Tiere im Garten mit ihren beeindruckenden Fähigkeiten, Anpassungen und Lebensweisen, ihrer Stärke und Verletzlichkeit und ihrer oft bezaubernden Schönheit, sind wunderbare Begleiter für Menschen jeden Alters und jeder Lebensstufe. Sie vermitteln uns eine Ahnung davon, wie uns auch außerhalb des Gartenzauns die Biosphäre nährt und erhält, und erweitern so unsere Fähigkeit, die Wirklichkeit um uns herum wahrzunehmen. Damit ist uns aber auch eine besondere Rolle zugewiesen, nämlich Verantwortung in diesem Lebenszusammenhang zu übernehmen.

Hausrotschwanz bringt Futter zum Nest.

OBEN: Erdkröte im Wasser zwischen Gras
UNTEN: Tagpfauenauge, Biene und Mistbiene

Weichkäfer auf Bärenklau

delektiert; eine kleine Libelle, die verzweifelt mit einem Spinnennetz kämpft; Hausrotschwänze, die hingebungsvoll ihre Jungen wärmen und füttern, beim Auftauchen einer Katze in helle Aufregung geraten und beim Verlust ihrer Brut in rastlose Suche und Trauer; ein Amselmann, der sein sehnsuchtsvolles Lied unterbricht, um zeternd einen Rivalen zu vertreiben. Alle diese Verhaltensweisen verstehen wir sogleich, weil wir sie auch bei uns kennen, samt den dazu gehörigen Gefühlen. Beim Erleben von Tieren finden wir eigene Ängste und Wünsche, Schmerzen und Lüste bestätigt, aber auch relativiert, sodass wir zu ihnen heilsame Distanz gewinnen.

Somit sind Tiere außer Lehrern auch eine Art Psychotherapeuten. Ihre muntere Regsamkeit, ihre Kunst, die Freuden des Lebens zu genießen, sich aber auch mit Unabänderlichem abzufinden, ihre Lust am Dasein wirkt ansteckend auf uns. Ihr Glück berührt auch uns – falls wir sie überhaupt bemerken. Sie helfen uns aber dabei, unsere Aufmerksamkeit zu schärfen, wenn sie uns buchstäblich über den Gartenweg laufen und fliegen.

Tiere in unserem Garten, mit ihrer so sinnenfälligen Daseinsfreude, sind ein Dank an uns – einen schöneren gibt es nicht. Und wir erwidern ihn gerne.

Wenn Kinder die Natur erforschen ...

... sind sie glücklich und lernen, anderes Leben zu achten. Natur im Garten hat einen unschätzbaren Wert.

Die Welt der Tiere, ihren Lebensraum, ihre Besonderheiten und Verhaltensweisen zu erforschen ist nicht nur unseren Kindern vorbehalten. Auch Erwachsene finden Freude daran, im eigenen Garten auf Entdeckungsreise zu gehen und so die Bedürfnisse ihrer Mitbewohner kennen und schätzen zu lernen.

Geschicklichkeits- und Mutproben zum Kennenlernen von Tieren

- Ein Käfer auf einer Blüte stellt sich, wenn er erschrickt, tot und lässt sich fallen. Leg ihn auf eine ebene Fläche oder auf deine ruhige Hand. Bald wird er »wach« und beginnt zu krabbeln. Wenn er die Deckflügel anhebt, wird er bald abfliegen.
- Nimm eine kriechende Gehäuseschnecke von ihrer Unterlage. Sie zieht sich sofort ins Schneckenhaus zurück, kommt aber wieder heraus, wenn die Beunruhigung vorbei ist. Da kannst du ihre Stielaugen bewundern, die sich als erstes ausstülpen. Ganz Mutige lassen eine Schnecke über den Arm kriechen.
- Folge dem Ton einer Feldgrille vorsichtig pirschend, bis du den Sänger (nur die Männchen singen) vor seinem Loch entdeckst. Falls er dort hinein flüchtet, stochere darin vorsichtig mit einem dünnen Halm. Damit kannst du ihn heraus kitzeln.
- In ähnlicher Weise kommst du an geigende Heuschrecken heran und beobachtest, wie sie dabei ihre Beine bewegen. Damit erzeugt jede Art andere Geräusche, die du zu unterscheiden lernst.

METHODEN DER TIERBEOBACHTUNG

- **AUFMERKSAMKEIT:** Schau und horche auf deine Umgebung, damit du Tiere bemerkst, bevor sie die Flucht ergreifen.
- **PIRSCH:** Je langsamer und leiser du dich bewegst und je kleiner du dich machst, desto näher kommst du an ein Tier heran. An Tiere am Boden robbst du dich die letzten Meter heran.
- **ANSITZ:** Setze oder lege dich bequem und beobachte mit Augen und Ohren. Wenn du dich nicht bewegst, bist du für viele Tiere nahezu unsichtbar.

⁘ Kannst du einen Frosch, eine Kröte oder Unke fangen? Wenn diese Tiere im Wasser liegen, pirsche dich mit untergetauchter Hand an, bis du unter ihnen bist. Mit einer schnellen Bewegung nach oben schließe die Hand um den Lurch. Mach zusammen mit der anderen Hand eine kleine Höhle. Wenn der kleine Gefangene keinen Druck mehr spürt, hört er bald zu strampeln auf. Dann kannst du vorsichtig die obere Hand abheben und das Tier betrachten. Ein Kescher erleichtert den Fang erheblich. Kröten und Unken sondern in ihren Hautdrüsen ein Gift ab, welches unsere Haut nicht durchdringt, jedoch nicht auf Augen oder Schleimhäute gelangen darf. Darum nachher gleich die Hände waschen!

⁘ Kleine Wassertiere kannst du mit Kescher oder Teesieb, notfalls auch mit einem Becher fangen und in ein Gurkenglas mit dem gleichen Wasser geben. Wasserwanzen, Larven von Libellen, Schwimmkäfern oder Köcherfliegen und andere lassen sich darin beobachten. Dann aber bitte sofort wieder in ihren Lebensraum zurücksetzen, denn schon nach einer Stunde besteht durch Sauerstoffmangel die Gefahr von Erstickungstod im Wasser.

⁘ Raupen vom Kohlweißling kannst du am Balkon oder Zimmerfenster groß ziehen. In ein großes, mit Seide oder Gaze bedecktes Glas oder leeres Aquarium stellst du eingewässerte Blätter von Kohlgemüsen und erneuerst sie laufend. Vergiss auch nicht, ein raues Brett oder starkes Aststück dazu zu stellen. Darauf wirst du nämlich bald die fertig entwickelten Raupen beim Verpuppen und einige Wochen später die Schmetterlinge beim Schlüpfen aus der Puppe und beim Entfalten der Flügel beobachten.

Wirkliches Erleben spricht alle Ebenen der Wahrnehmung an und kann selbst vom schönsten Naturfilm nicht ersetzt werden.

Faszinierende Gartenbewohner

Einige Gartenbewohner fallen uns durch erstaunliche Fähigkeiten auf. Ob die ausgeklügelten Jagdtechniken der Spinnen, die Stollenanlagen des Maulwurfs, die Opferbereitschaft von Honigbienen oder die wundersame Verwandlung der Libellen – mit etwas Aufmerksamkeit gewinnen wir interessante Einblicke in die Welt der Tiere.

Faszinierende Gartenbewohner

Im naturnahen Garten findet der Igel alles, was er zum Leben braucht und kann zweimal im Jahr bis zu sieben Junge bekommen.

Igel – Stacheliger Gast ohne Scheu

Der Igel hat bei uns Menschen ein gutes Image. Dabei ist er mit seinem Stachelpanzer alles andere als kuschelig. Dass er unerwünschte Schnecken vertilgt, ist auch kein plausibler Grund für seine Beliebtheit, denn sonst hätten Kröte oder Laufkäfer eine ähnliche Popularität.

Es muss wohl sein Verhalten sein, das uns so stark für ihn einnimmt. Da ist einmal seine geringe Scheu. Er läuft nicht so schnell weg wie andere Tiere, sondern er »igelt sich ein«, wenn er Angst bekommt. Er greift aber auch nicht an. Stets sind wir selber schuld, wenn wir uns stechen. Ein Schutz, der Flucht, List oder Gift entbehrlich macht, ist auch im Tierreich selten. Ein Verteidigungssystem, welches erfolgreich ist, aber nicht zum Angriff verwendet werden kann, verdient unsere uneingeschränkte Bewunderung.

Der Igel aus der Ordnung der Insektenfresser ist ein sehr urtümliches Säugetier. Sein wichtigstes Sinnesorgan ist der Geruchssinn. Nase, Riechschleimhäute und Riechhirn nehmen einen Großteil des Schädels ein. Auf der Suche nach Nahrung hat er seine mitunter triefend-feuchte, spitze Schnauze am Boden, mit der er im Gras oder Falllaub auch wühlt. So wie seine Nahrung – Würmer, Schnecken und Gliederfüßler – ist er tagsüber selten zu sehen, sondern vornehmlich nachtaktiv. Nur bei warmem Sommerregen kommt er auch bei Tag aus seinem Versteck und stelzt hochbeinig auf Wegen und Straßen, um seinen Bauchpelz nicht nass zu machen.

Autos werden dem Igel, der sich allzu sehr auf seine Stacheln verlässt, oft zum Verhängnis. Kaum eine andere Tierart wird

WINTERSCHLAF
Igel halten Winterschlaf, in dem sie ihre Körpertemperatur bis auf fünf Grad herunterregeln. Um die lange Zeit in einem schützenden Haufen aus Laub oder Kompost zu überstehen, fressen sie sich im Herbst einen Fettvorrat an. Spät geborene Jungigel, die das Mindestgewicht von 500 Gramm nicht erreichen, können in menschlicher Obhut aufgepäppelt werden.

durch den Straßenverkehr so stark dezimiert. Dazu machen ihm Flurbereinigung, Monokulturen und Gifte in Landschaft und Garten das Leben oft unmöglich. Er steht bereits auf der Roten Liste gefährdeter Arten.

Im naturnahen Garten ist der Igel wohl das größte Tier unter denen, die ihn dauernd bewohnen. Genügend Stauden und Sträucher, Falllaub und Reisighaufen gehören zu seinen Lebensbedingungen.

Maulwurf – Nützlicher Bewohner als Auszeichnung für unseren Garten

Was wir vom Maulwurf bemerken, ist uns meist ärgerlich. Die Maulwurfshügel, die unsere sorgfältig geebneten Wiesen und Rasen verunstalten, sind in der Regel die einzigen Zeichen seiner Anwesenheit. Nur selten verlässt der Maulwurf sein unterirdisches Reich und erscheint an der Oberfläche. Im Untergrund jagt er, trifft sich mit seinem Liebespartner und hat er seine Kinderstube. Kein anderes Wirbeltier unserer Heimat lebt mit dieser Ausschließlichkeit im Boden.

Das Auffälligste an ihm sind wohl die, zu breiten Grabwerkzeugen entwickelten Hände. Mit ihren langen Krallen können sie wie Baggerschaufeln die Erde bearbeiten. Zum Graben wird jeweils nur eine Hand verwendet, während die andere zur Abstützung an der Tunnelwand dient. Die gelockerte Erde wird von den Hinterbeinen unter dem Körper durch nach hinten geschleudert und später mit einer Vorderpfote als Planierschild in regelmäßigen Schüben an die Oberfläche befördert, wo dann die typischen Erdhaufen entstehen.

Seit Menschengedenken galt der kleine Samtrock als Flurschädling, weil Maulwurfshügel immer wieder eingeebnet werden müssen, damit eine Wiese benützbar bleibt. Außerdem ernährt er sich zu einem guten Teil von Regenwürmern, die für Durchlüftung, Durchmischung und die mikrobiologische Durchdringung des Bodens so wichtig sind. Die Fachwelt ist heute der Ansicht, dass der Maulwurf diese Schäden mehr als ausgleicht, indem er zum Beispiel Schnecken und Drahtwürmer frisst. Für ökologisch denkende Bauern und Gärtner ist die Einteilung in nützliche und schädliche Tiere ohnehin unbrauchbar, weil sowohl die einen, wie die anderen ihre Funk-

EMSIGER ERDARBEITER
Um sein schwieriges Lebenselement bewältigen zu können, erschließt er es mit einem weit verzweigten System von Stollen und Höhlen. Maulwurfsbaue reichen in frostfreie Tiefen, sodass der Maulwurf keinen Winterschlaf halten muss, sondern ebenso wie viele andere Bodenbewohner, von denen er sich ernährt, in tiefere Zonen ausweicht.

EINZIGARTIGE AMPHIBIEN
Eine Verwandlung oder Metamorphose ist zwar auch bei anderen Tieren verbreitet. Innerhalb der Gruppe der Wirbeltiere ist sie aber bei den Amphibien einzigartig. Die vor mehr als einer halben Jahrmilliarde erfolgte Eroberung des Festlandes als Lebensraum durch Abkömmlinge von Fischen wird von jeder kleinen Kröte, von jedem Froschkind in zeitlich geraffter Form nachvollzogen.

tionen haben. Die Häufigkeit von Regenwürmern wird von anderen Einflüssen, etwa vom Gehalt des Bodens an verrottbarer organischer Substanz, weitaus mehr bestimmt als von Maulwürfen.

Eher ist es umgekehrt: Maulwürfe zeigen ein reiches Bodenleben an und sind Beweis für unseren gärtnerischen Erfolg. Die Erdhaufen sind außerdem eine willkommene Quelle bester Pflanzerde für Topfblumen, Saat- und Pflanzkisten.

Grasfrosch und Erdkröte – Wunder der Metamorphose

Froschlurche sehen wir nicht allzu oft, denn am Land sind sie meist nachts als Einzelgänger unterwegs. Nur im zeitigen Frühjahr ist alles anders, da haben die braunen Grasfrösche und die Erdkröten ihre Fortpflanzungszeit. Gleich nach dem Erwachen aus der Winterstarre plagt sie nicht der Hunger, sondern die Liebe. Die funktioniert bei Amphibien aber nur im Wasser. Deshalb wandern sie in den ersten lauen Frühlingsnächten manchmal in Massen zu stehenden Gewässern. Teiche und Tümpel sind erfüllt von ihrem Treiben und leisen Rufen. Tagelang sitzen die kleineren Männchen fest geklammert auf dem Rücken der Weibchen, um die Eier, sobald sie ausgestoßen werden, im Wasser zu befruchten.

Wenn die Laichklumpen der Frösche an der Oberfläche schwimmen, beziehungsweise die Eischnüre der Kröten im Wasser ausgespannt sind, verlassen die Tiere zum Großteil wieder ihr Laichgewässer. In der Wärme der Frühlingssonne entwickeln sich die schwarzen Eier in ihrer durchsichtigen Gallerthülle zu länglichen Embryonen. Schließlich wächst ihnen ein Ruderschwanz, mit dem sie den schützenden Schleim verlassen und als Kaulquappen frei im Wasser schwimmen. Zu Tausenden bevölkern sie ihren Lebensraum, ernähren sich von Algen und abgestorbenen Blättern, werden aber von Insektenlarven oder Ringelnattern massenhaft gefressen.

Diejenigen, die übrig bleiben, verwandeln sich im späten Frühjahr zu kleinen Fröschen und Kröten. Fast noch erstaunlicher als die völlige Veränderung der äußeren Gestalt ist der tiefgreifende innere Umbau: Neben der Umgestaltung des Blutkreislaufs von Kiemen- auf Lungenatmung erfolgt eine drastische Verkürzung des Darmes, der ab jetzt, an Stelle von Pflanzenabfall, das Fleisch von erbeuteten Tieren verdaut.

Honigbiene – Leben in beeindruckender Sozialordnung

Die Honigbiene, bekanntlich das kleinste Haustier des Menschen, ist ein staatenbildendes Insekt aus der Ordnung der Hautflügler. Zigtausende Arbeiterinnen leben in diesem sozialen Gefüge, dazu die Königin, das einzige Weibchen, das fortpflanzungsfähig ist. Sie wird mit besonders eiweißreichem Futter ernährt und widmet sich ausschließlich dem Eierlegen. Den Samenvorrat dafür bewahrt sie von ihrem einzigen Hochzeitsflug jahrelang in ihrem Körper.

Eine Arbeiterin lebt in der warmen Jahreszeit nur wenige Wochen. Das Sammeln und Bereiten des Honigs füllt erst ihren letzten Lebensabschnitt aus. Vorher hat sie »Innendienst«. Sie reinigt zuerst Stock und Waben, produziert dann Wachs und baut neue Zellen, schließlich füttert sie die darin heranwachsenden Larven.

Unruhe kommt in dieses geregelte Gemeinwesen erst, wenn die Königin fehlt, oder wenn weitere Königinnen sowie Drohnen, die Bienenmänner, heranwachsen. Dann braust der ganze Stock immer aufgeregter, bis die alte Königin mit einem Teil ihres Volkes ins Freie fliegt. Bis zu einer Stunde schwebt der Schwarm summend in der Luft, dann setzt er sich als Schwarmtraube an einen Ast. Jetzt sollte der Imker zur Stelle sein und den Schwarm in eine neue Bienenwohnung setzen.

Das Schwärmen dient der Vermehrung der Bienenvölker, ist aber im Leben einer Biene ein seltener Gefühlsausbruch. Sonst widmet sich die Arbeiterin ihrer Arbeit. Und wenn sie sich dabei behindert oder ihr Volk bedroht fühlt, macht sie von ihrem Giftstachel Gebrauch, was allerdings ihren Tod bedeutet. Diese Opfer-

WERTVOLLE ARBEIT DER HONIGBIENEN

Ihr köstlicher Honig und ihr edles Wachs machen die Biene für uns ebenso wertvoll wie die Befruchtung der Blüten, die beim Sammeln erfolgt. Wo es viel zu ernten gibt, tummeln sich bald Scharen von Bienen. Denn mit ihrer Tanzsprache teilen in den Stock zurückgekehrte Sammlerinnen ihren Kolleginnen Richtung und Entfernung der Nahrungsquelle mit. Im Garten sind sie meistens die häufigsten Blütenbesucher.

bereitschaft zum Wohle ihres Volkes hat die Menschen immer schon beeindruckt. Manche strengen Schulmeister haben uns Schülern das instinktgesteuerte Funktionieren der fleißigen und wehrhaften Arbeitsbiene in ihrem Staat gar als Vorbild hingestellt. Dazu müsste man aber auch sagen, dass noch keine Bienenkönigin ihr Volk in Kriege geführt hat.

Hummeln

Hummeln machen auf uns durch ihre gedrungene Form und starke Behaarung einen eher gemütlichen Eindruck. Tatsächlich sind sie recht emsig beim Nektarsammeln. Die erwähnten Merkmale sind ein Schutz gegen Unterkühlung. Bereits bei fünf Grad fliegen sie, wo Honigbienen noch im Stock bleiben. Daher sind sie in kühlen Zeiten wichtige Blütenbestäuber.

Die Hummeln, welche wir im Frühling sehen, sind Königinnen. Sie wurden bereits im Herbst befruchtet und haben einsam überwintert. Jetzt sucht jede Königin eine geeignete Höhle im Boden oder in einem Baum, baut die ersten Waben und legt Eier hinein. Sobald die Larven mit eingetragener Blumennahrung groß gezogen sind, schlüpfen nach dem Puppenstadium Arbeiterinnen. Diese übernehmen allmählich alle Dienste, sodass die Königin mehr Eier legen kann. Im Spätsommer hat ein Hummelstaat einige hundert Bewohner. Genau wie bei den Wespen stirbt das Nest im Herbst aus. Vorher entstehen jedoch neben den geschlechtslosen Arbeiterinnen männliche Drohnen und die Jungköniginnen, welche die Art erhalten. Nach ihrem Hochzeitsflug suchen diese frostfreie Verstecke.

Viele Blumen sind in ihrer Form auf Hummeln abgestimmt und können von den kleineren Bienen nicht befruchtet werden. Manche, wie der Eisenhut, sind reine Hummelblumen. Wenngleich Hummeln ein sanfteres Wesen als Bienen und Wespen haben, können auch sie schmerzhaft stechen.

Wespen

Wespen zählen zu den gefürchtetsten Insekten und sehen auch gefährlich aus. Ihre schwarzgelbe Warnfärbung wird sogar von harmlosen Schwebfliegen, Käfern und anderen als Täuschung – »Wespenmimikry« genannt – verwendet. Im Allgemeinen tun uns Wespen nichts, so lange wir sie nicht bedrängen. Nervös werden sie allerdings, wenn wir ihrem Nest zu nahe kommen. Um dieses machen wir darum besser einen Bogen.

LIEBLINGSNAHRUNG DER WESPEN
Alle Wespen mögen Süßes. Wir beobachten sie oft auf Blüten, und wenn sie an Obst und Säften lecken, können sie lästig werden. Genau so fleißig jagen sie aber auch Insekten für die eigene Ernährung und als ausschließliches Futter für die Brut in den Waben. Im Laufe eines Jahres erbeuten Wespen und Hornissen eine beachtliche Menge an Raupen und Fluginsekten, denn ein großes Volk wird einige Tausend Individuen stark.

LINKS: Hummeln fliegen auch bei kühlem Wetter.

Feldwespen bilden nur kleine Staaten in offenen Waben.

Ihre Überwinterung und Staatenbildung gleicht weitgehend jener der Hummeln. Jedes Wespen- oder Hornissennest ist darum nur einen Sommer und Herbst lang bewohnt. Die Wespen bauen es aus einem papierartigen Stoff, den sie aus geraspeltem Holz herstellen. Die häufigsten Arten unterscheiden wir am einfachsten nach ihrem Bauplatz. Die Deutsche Wespe nistet in Erdlöchern, die Sächsische Wespe sowie die Hornisse in Dachböden oder Baumhöhlen, die Feldwespen befestigen kleine Waben ohne Hülle an Steinen und Stängeln.

Heuschrecken – Zarte Weitspringer

Heuschrecken begegnen uns in Wiese und Garten ab dem späten Frühjahr. Denn sie überwintern als Ei und wachsen erst im Laufe des Frühlings als Nymphen heran. Ein Puppenstadium wie Schmetterlinge oder Käfer kennen Heuschrecken und Libellen nicht. Am Tag springen sie vor uns auf, und besonders an lauen Abenden gehört ihr zirpender Gesang zur Geräuschkulisse sommerlicher Gärten und

Die Säbelschrecke gehört zu jenen Laubheuschrecken, die gerne in Büschen und Staudenbeeten wohnen. Mit ihrem Legesäbel versenken die Weibchen ihre Eier in Rindenspalten.

OHREN AM BEIN

Die Gehörorgane mit einem Trommelfell befinden sich bei den Langfühler- oder Laubheuschrecken an den Vorderbeinen, bei den Kurzfühler- oder Feldheuschrecken am Hinterleib. Mit ihnen können die Tiere auch die Richtung der Schallquelle orten, sodass zirpende Männchen bald von paarungsbereiten Weibchen besucht werden.

Fluren. Sie geigen, indem sie fein gezähnte Leisten an Flügeln oder Hinterbeinen gegeneinander streichen.

Die Weibchen mancher Arten besitzen einen Legebohrer, mit dem sie die Eier in Pflanzengewebe oder in den Boden versenken. Bezüglich Bodenfeuchtigkeit, Kleinklima und Pflanzenkleid haben die Arten recht unterschiedliche Ansprüche. Von Buschland bis zu Feucht- und Trockenwiesen oder Schotterfluren an Wildflüssen hat jeder Lebensraum seine typische Heuschreckenfauna. Von den knapp hundert heimischen Arten sind bereits zwei Drittel in ihrem Bestand gefährdet, hauptsächlich infolge der Zerstörung vieler Lebensräume.

Die meisten Heuschreckenarten sind reine Pflanzenköstler, manche Langfühlerschrecken verzehren auch erbeutete Insekten. Außerhalb ihrer Liebeszeit leben sie als Einzelgänger. Ihre langen, muskulösen Hinterbeine machen sie gleichsam zu Fröschen im Insektenreich: Zur Feindvermeidung sitzen sie lange regungslos und getarnt, um unvermittelt mit einem kräftigen Sprung das Weite zu suchen.

Auch die gewöhnlichsten Heuhüpfer brauchen Wiesen, in denen sie sich als flug- und sprungunfähige Larven entwickeln können, aber keinen Rasen, auf dem sie durch häufiges Mähen unweigerlich zermalmt werden. Ebenso wenig vertragen sie Agrochemikalien. So weisen uns auch die hübschen Heuschrecken darauf hin, wie wichtig eine naturnahe Pflege unserer Kulturlandschaft und unseres Gartens ist.

Schnecken – Unterwegs mit einem wundersamen Bauwerk

Jedem Kind sind vor allem die Gehäuseschnecken geläufig, denn infolge ihrer langsamen Fortbewegung lassen sie sich leichter beobachten als andere Tiere. Auch die Nacktschnecken gehören zu dieser evolutionsgeschichtlich uralten Tiergruppe. Bei ihnen ist das Gehäuse zu einem kleinen, flachen Rückenschild zurückgebildet.

Schon ihr Kriechen mittels wellenförmiger Muskelbewegungen auf der selbst gelegten Schleimspur ist faszinierend. Sie sind damit zwar nicht schnell, können aber fast überall klettern, und selbst rasiermesserscharfe Hindernisse überwinden. Ihr Haus besitzen sie bereits, wenn sie aus dem Ei schlüpfen. Diese spiralige Kalkschale wächst an ihrer Mündung mit ihnen mit, und zur Zeit des Wachstumsstillstands entstehen Jahresringe.

Wegen ihrer zarten Haut und Schleimproduktion sind sie besonders bei Regen und in der Nacht aktiv. Sie fressen Pflanzen, besonders welkes Material, und auch Tierkadaver. Ihre Nahrung zerraspeln sie mit einer reibeisenartigen Zunge. Die verschiedenen Nacktschneckenarten treffen wir vorwiegend in mittelfeuchten Lebensräumen an. Einige können sich in Gärten leider unangenehm vermehren. Die vielen Arten von Gehäuseschnecken begegnen uns dagegen in fast allen Lebensräumen, im Wasser zum Beispiel die Schlamm-, Posthorn- und Tellerschnecken, in Steppen die Heideschnecken. Garten-, Baum- und Hainbänderschnecken besitzen schönste Muster auf ihrem Haus, die manchmal individuell recht verschieden gestaltet sein können. Unsere größte Art, die Weinbergschnecke, lebt in Tieflandauen und bis ins Hochgebirge hinauf.

Die Eier werden in eine gegrabene Höhle im Boden gelegt. Sie und die daraus schlüpfenden Jungschnecken werden von Ameisen, Käfern und Lurchen erheblich dezimiert. Auch große Schnecken werden besonders gerne von Laufkäfern und Kröten gefressen, aber auch von

FORTPFLANZUNG UND LIEBESSPIEL

Deutlich ist an der kriechenden Schnecke der Kopf zu erkennen mit zwei Fühlerpaaren, die an ihrer Spitze kleine Linsenaugen und Riechorgane tragen, und bei Gefahr rasch eingestülpt werden. Nur bei der Paarung erscheinen an der rechten Kopfseite die zwitterigen Geschlechtsorgane. Ihre Vereinigung dauert oft viele Stunden, wobei Nacktschnecken sich Wange an Wange umringeln, während sich Gehäuseschnecken mit ihren Sohlen aneinander heften. Manche Arten stoßen einander dabei als Reizmittel einen Kalkspieß als «Liebespfeil» ins Fleisch.

Igeln und Eichelhähern, Mäusen und anderen Nagern. Die Singdrossel zerschlägt sogar ihre Gehäuse an einem Stein.

Spinnen – Raffinierte Baumeister

Wer Spinnen genauer beobachtet, wird sie nicht ekelig finden, sondern bewundern. Mit unterschiedlichsten Körpermerkmalen und Verhaltensweisen besiedeln hunderte Spinnenarten alle Lebensräume in Wald, Flur und Garten. Selbst in unseren Wohnungen reinigen sie mit ihren Netzen die Luft von Staub und Fluginsekten.

Wie häufig sie sind, ahnen wir am ehesten, wenn im Spätsommer Tau und Nebel ihre feinen Gespinste sichtbar macht. Da unterscheiden wir schon nach ihrer Bauweise die Gruppen der Haubennetz-, Baldachin- und Trichterspinnen. Als vollendetste Baumeister gelten die Radnetzspinnen mit ihrem senkrecht ausgespannten Fangapparat. Der Spinnfaden, ein Eiweißstoff, ist in seiner Zugfestigkeit durchaus jener von Stahl oder Kunstfasern ebenbürtig. Seine Eigenschaften können von der Spinne beeinflusst werden, je nachdem, ob sie damit eine Wohnung, einen Kokon für die Brut oder ein Fangnetz herstellt, sich schnell einmal abseilt oder sich als Jungspinne an einem »Altweibersommer« im Wind davontragen lässt.

Die Gartenkreuzspinne hängt kopfunter in ihrem radförmigen Netz. Spinnen sind unentbehrliche Regulatoren von Insekten.

Nicht alle Spinnenarten bauen die bekannten Luftgespinste. Spring- und Wolfsspinnen jagen ganz ihrem Namen entsprechend, Röhrenspinnen lauern hinter Falltüren versteckt, Krabbenspinnen ganz offen auf Blüten. Spinnen können ihre Beute fesseln, mittels Giftklauen an ihren Kieferfühlern lähmen, ihr Inneres auflösen und aussaugen.

Die Männer haben ihre Liebesorgane an den Kiefertastern, weit entfernt von der Quelle ihres Spermas. Da sie in das Beuteschema der meistens größeren Weibchen passen, bedarf es langwieriger Balzrituale, welche je nach Art von Klopfzeichen bis zur Übergabe eines Insekts als Brautgeschenk reichen können. Nach der Kopulation kann das Männchen zuweilen sogar verspeist und somit zu hundert Prozent in die Fortpflanzung investiert werden. Weitaus sympathischer empfinden wir, wie hingebungsvoll die Weibchen mancher Arten ihre Eier und Jungen betreuen, bewachen und versorgen.

Was die ausschließlich von der Jagd lebenden Spinnen für den Naturhaushalt so wichtig macht, ist ihre Zahl. Die ist wegen der Kleinheit dieser Tiere von wenigen Millimetern schwer zu ermitteln. Fachleute gehen von dreistelligen Zahlen pro Quadratmeter naturnaher Wald- oder Wiesenfläche aus, die pro Hektar und Jahr Insekten im Ausmaß von mehreren Zentnern erbeuten. Diese Leistung weist die Achtbeiner als die vielleicht wichtigsten Regulatoren von Insekten aus. Auch als Nahrung von Waldameisen und Grabwespen, Singvögeln und vielen anderen haben Spinnen einen hohen Stellenwert. Beuteanalysen bei fütternden Singvögeln ergaben einen Spinnenanteil bis zu einem Viertel.

Ökologie – der Blick aufs Ganze

Ökologie trägt nicht nur zu unserem Wissen bei, sondern auch zu einer Bewusstheit, Ethik und Politik für eine lebenswerte Zukunft

Jedes Lebewesen ist abhängig von verschiedenen Umweltbedingungen und gestaltet sie selbst mit. Diese vielfältigen Beziehungen zwischen Organismen und ihrer Umwelt sind Gegenstand der Ökologie oder Umweltbiologie. Es werden die Strukturen, Funktionen und Gesetzmäßigkeiten von Ökosystemen – den Lebensgemeinschaften mit ihren jeweiligen Lebensräumen – betrachtet. Ein Garten, ein Weiher oder die Biosphäre sind solche Ökosysteme, mit Stoff- und Energieflüssen, vielfachen Wechselwirkungen und dynamischen Veränderungen.

Der Mensch beeinflusst seine Umwelt so stark wie kein anderes Lebewesen – bekanntlich nicht immer zum Guten. Er ist aber von ihr letzten Endes genau so abhängig wie jede andere Art. Das Bild vom Raumschiff Erde macht uns eindrücklich auf Grenzen der Menschheit aufmerksam. Es lässt erkennen, dass die sogenannte entwickelte Industriegesellschaft derzeit unseren Planeten plündert. Dagegen wäre ein haushälterischer Umgang mit Natur und Rohstoffen für das Überleben ebenso notwendig wie für Gerechtigkeit und Frieden auf diesem Raumschiff.

Eine ganzheitliche Sicht der Wirklichkeit, welche die Ökologie auszeichnet, ist auch für die Sozial- und Wirtschaftswissenschaften, sowie für unser aller Denken, hoch an der Zeit. Wenn wir uns und unsere Wirtschaft als Teil von ökologischen Systemen begreifen und danach handeln, hat die menschliche Zivilisation Zukunft. Nur eine ökologische Ökonomie ist nachhaltig.

Ökonomie heißt wörtlich »Verwaltung des Hauses«, Ökologie »Erforschung des Hauses«. Eine gute Verwaltung kassiert nicht nur Mietzins, sondern kümmert sich auch um den Zustand des Hauses, um seine Bewohnbarkeit zu erhalten. Unsere derzeitige Ökonomie hingegen verbucht den Verkauf von Teilen seiner Substanz als Gewinn.

Vom Unternehmen »Leben« können wir viel lernen. Immerhin hat es seit seiner Gründung vor einigen Milliarden Jahren niemals pleite gemacht, sondern sich immer höher entwickelt, wobei seine Systeme mit den vorhandenen Ressourcen immer besser haushalten.

Auch in unserem Garten können wir beobachten, wie die Pflanzen das Sonnenlicht auf geheimnisvolle Weise in Nahrungsenergie verwandeln und in ihrer Biomasse als Lebensgrundlage für abbauende Organismen, Tiere und Menschen speichern. Wir erkennen, wie die Nährstoffe über Kompostierung und Verrottung im Kreislauf erhalten bleiben; wie sich die unterschiedlichen Lebewesen zu stabilen Gefügen organisieren. Solche Beziehungen gestalten wir mit und können daraus lernen, wie eine schonende Nutzung unserer Um- und Mitwelt auch im Großen möglich wäre.

Der Blick auf das Ganze schärft gleichzeitig die Wahrnehmung von Einzelheiten. Die Ökologie hilft uns, die belebte Natur und unsere Rolle in der Welt besser zu verstehen, dabei das Staunen nicht zu verlernen und das Schöne stets neu zu entdecken.

Tier-Register

Im naturnahen Garten wird die Artenvielfalt der Pflanzen von jener der Tiere noch weit übertroffen. Hummeln auf Kohldistel

Fett gedruckte Seitenangaben beziehen sich auf Abbildungen. Die Abkürzung *sp.*=*species* besagt, dass mehrere Arten dieser Gattung in Frage kommen.

IMPRESSUM

Druck- und Verlagsges.m.b.H. Nfg. KG
Sturzgasse 1a, A-1141 Wien
www.avbuch.at

PROJEKTLEITUNG Elke Papouschek für avBUCH
LEKTORAT & HERSTELLUNG
Claudia Stoifl für avBUCH, Wien
KORREKTORAT Axel Fussi, transculture, Wien
GRAFISCHE GESTALTUNG & SATZ Alexander Schuh,
o- büro für visuelle kommunikation, Wien
BILDREPRODUKTION Hantsch & Jesch PrePress
Services OEG, Leopoldsdorf bei Wien
DRUCK LVDM Landesverlag Denkmayr, Linz
Printed in Austria

ISBN 3-7040-2136-9

Bildquellen

Umschlag und Kern: Werner Gamerith

Diavorträge von Werner Gamerith können bestellt werden unter der Telefonnummer +43-7260/4116.

Die im Text genannten »Gartenbesitzer« verzichten zugunsten der sprachlichen Kürze auf die Endung »-innen«. Selbstverständlich sind damit genauso Gartenbesitzerinnen wie Gartenbesitzer gemeint.